掌握动画设计精髓，开启多媒体创作新篇章！

微课视频版

Flash

动画设计与多媒体应用标准教程

魏砚雨 ◎ 编著

清華大学出版社

北 京

内 容 简 介

本书以理论+实操的写作方式，全面系统地讲解Flash的基本操作方法与核心应用功能。作者用通俗易懂的语言、图文并茂的形式对Flash动画的制作知识进行了全面细致的剖析。

全书共12章，遵循由浅入深，从基础知识到案例进阶的原则，对动画基础知识、时间轴与图层、图形的绘制与编辑、基础动画的创建、复杂动画的创建、交互动画的创建、文本的应用、音视频的应用、组件的应用，以及动画的输出与发布等内容进行逐一讲解，以帮助动画新手了解动画制作的全过程。最后通过两个综合案例对所学习的知识进行巩固，以达到学以致用的目的。

全书结构合理，内容丰富，易教易学，既有鲜明的基础性，也有很强的实用性。本书既可作为高等院校相关专业学生的教学用书，又可作为培训机构以及动画制作爱好者的参考用书。

版权所有，侵权必究。举报：010-62782989，beiqinquan@tup.tsinghua.edu.cn。

图书在版编目（CIP）数据

Flash动画设计与多媒体应用标准教程：微课视频版 /
魏砚雨编著. -- 北京：清华大学出版社，2024.8.
(清华电脑学堂). -- ISBN 978-7-302-66794-0

Ⅰ. TP391.414

中国国家版本馆CIP数据核字第2024D2U551号

责任编辑：袁金敏
封面设计：阿南若
责任校对：胡伟民
责任印制：刘 菲

出版发行：清华大学出版社
  网 址：https://www.tup.com.cn，https://www.wqxuetang.com
  地 址：北京清华大学学研大厦A座 邮 编：100084
  社 总 机：010-83470000 邮 购：010-62786544
  投稿与读者服务：010-62776969，c-service@tup.tsinghua.edu.cn
  质 量 反 馈：010-62772015，zhiliang@tup.tsinghua.edu.cn
  课 件 下 载：https://www.tup.com.cn，010-83470236
印 装 者：河北盛世彩捷印刷有限公司
经 销：全国新华书店
开 本：185mm×260mm 印 张：15 插 页：2 字 数：388千字
版 次：2024年8月第1版 印 次：2024年8月第1次印刷
定 价：59.80元

产品编号：106547-01

Flash

对于动画制作行业的人来说，Flash动画软件是再熟悉不过了。它是一款专业的二维矢量动画软件，利用该软件可以轻松制作出各种类型的动画效果，目前已成为动画制作领域的必备软件。Flash软件除了在动画制作方面展现出了强大的功能性和优越性外，在软件协作性方面也体现出极大的优势。根据制作者的需求，可将制作好的动画调入After Effects等软件做进一步的加工。同时，也可将PSD、GIF等文件导入Flash软件进行编辑，从而节省用户处理动画的时间，提高了制作效率。

随着软件版本的不断升级，目前动画制作软件技术已逐步向智能化、人性化、实用化发展，旨在让制作者将更多的精力和时间用在创造方面，以便给大家呈现出更完美的设计作品。

内容概述

本书采用**理论讲解+动手练+案例实战+课后练习**的结构进行编写，内容由浅入深、循序渐进，让读者学会并掌握，更能从实际应用中激发学习兴趣。全书共12章，各章内容见表1。

表1

章	内容导读	难度指数
第1章	介绍Flash动画的基础知识，主要包括动画入门知识、Flash工作界面、基本操作、图形的基础知识，以及Flash动画的应用等内容	★☆☆
第2章	介绍时间轴和图层，主要包括时间轴与帧、帧的编辑，以及图层的编辑等内容	★★☆
第3章	介绍图形的绘制与编辑，主要包括辅助绘图工具、基本绘图工具、颜色填充工具、选择对象工具、编辑图形工具，以及修饰图形工具等内容	★★☆
第4章	介绍基础动画的制作，主要包括元件的创建与编辑、库的应用、实例的添加与编辑、滤镜功能的应用，以及简单动画的创建等内容	★★★
第5章	介绍复杂动画的制作，主要包括引导动画、遮罩动画和骨骼动画的创建等内容	★★★
第6章	介绍交互动画的制作，主要包括ActionScript 3.0的基础知识、语法知识、运算符、动作面板、脚本的编写与调试等内容	★★★
第7章	介绍文本的应用，主要包括文本工具的应用、文本样式的设置及文本的分离与变形等内容	★★☆
第8章	介绍音视频的应用，主要包括声音及视频在Flash中的应用、声音的优化与输出等内容	★★☆

（续表）

章	内容导读	难度指数
第9章	介绍组件的应用，主要包括组件的基本操作、选择类组件、文本类组件等常用组件的应用等内容	★★☆
第10章	介绍动画的输出与发布，主要包括测试影片、优化影片、发布影片等内容	★★☆
第11章	介绍生日贺卡的设计，主要包括图形的绘制、元件的使用、动画的设计等	★★★
第12章	介绍音乐MV的设计，主要包括遮罩动画的创建、引导动画的创建、音乐的添加与设置等	★★★

读者对象

- 高等院校相关专业的师生
- 培训班中学习动画设计的学员
- 对动画制作有着浓厚兴趣的爱好者
- 想掌握更多技能的办公室人员
- 从事动画制作的工作人员
- 想通过知识改变命运的有志青年

本书的配套素材和教学课件可扫描下面的二维码获取。如果在下载过程中遇到问题，请联系袁老师，邮箱：yuanjm@tup.tsinghua.edu.cn。书中重要的知识点和关键操作均配备高清视频，读者可扫描正文中的二维码边看边学。

在编写过程中作者虽力求严谨细致，但由于时间与精力有限，书中疏漏之处在所难免。如果读者在阅读过程中有任何疑问，请扫描下面的技术支持二维码，联系相关技术人员解决。教师在教学过程中有任何疑问，请扫描下面的教学支持二维码，联系相关技术人员解决。

配套素材

教学课件

技术支持

教学支持

Flash

目录

第6章

交互动画的创建

第7章

文本的应用

第8章

音视频的应用

第9章
组件的应用

第10章
动画的输出与发布

第11章
电子生日贺卡的设计

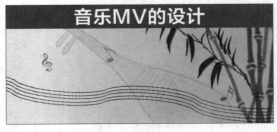

第12章
音乐MV的设计

Flash

第 1 章
Flash 动画的
基础知识

　　Flash是一款非常优秀的矢量动画制作软件，它以流式控制技术和矢量技术为核心，制作的动画短小精悍，因此被广泛应用于网页动画的设计中，现已成为网页动画设计最为流行的软件之一。随着版本的不断更新，其功能也在不断增强，本章主要对Flash动画的基础知识进行全面介绍。

要点难点

- 了解Flash的应用方向
- 熟悉Flash的工作界面
- 掌握Flash的基本操作
- 掌握有关图形的基本知识

1.1 初识Flash

　　Flash是世界上第一个商用的二维矢量动画软件，用于设计和编辑Flash文档。是由Macromedia公司推出的交互式矢量图和Web动画的标准，后来由Adobe公司收购。

1.1.1　首次启动Flash

　　Flash软件安装成功之后，双击桌面上的Flash快捷图标，就可以启动并进入Flash的工作界面了，在这一过程中首先出现的是如图1-1所示的启动界面，随后进入如图1-2所示的初始界面。

图 1-1　　　　　　　　　　　　　　　　图 1-2

　　初始界面包含如下5个功能区域。

1."从模板创建"区域

　　该区域列出创建新Flash文件常用的模板，单击"更多"按钮，将弹出如图1-3所示的"从模板新建"对话框，用户从中可选择并创建各类动画文档。

2."打开最近的项目"区域

　　该区域列出最近打开过的Flash文件，单击其中任意文件，即可打开相应的Flash文档。若单击"打开"按钮 📂打开，将弹出"打开"对话框，从中可选择一个或多个Flash文档，选中一个，并单击"打开"按钮即可，如图1-4所示。

图 1-3　　　　　　　　　　　　　　　　图 1-4

3. "新建"区域

该区域列出Flash可创建的文档类型，用户可以根据自己的需要新建一个普通的Flash文件。

4. "扩展"区域

单击该区域中的链接选项，将打开相应的网页，从中可下载扩展程序、动作文件、脚本、模板以及其他可扩展Adobe应用程序功能的项目。

5. "学习"区域

该区域中罗列了学习Flash的相关知识条目，用户可以通过单击超级链接，打开相应的网页，来学习Flash的操作知识。

1.1.2　Flash的新功能

Flash主要用于创建吸引人的应用程序，包括丰富的视频、声音、图形、动画、复杂演示文稿、应用程序以及其他允许用户交互的内容。其新功能主要表现在以下几方面。

1. 对HTML5的新支持

以Flash Professional的核心动画和绘图功能为构建基础，利用新的扩展功能创建交互式HTML 5内容，导出为JavaScript以面向CreateJS开源架构。

2. 广泛的平台和设备支持

锁定最新的Adobe Flash Player和AIR运行时，能够针对Android和iOS平台进行设计。

3. 生成Sprite表

导出元件和动画序列，以快速生成Sprite表，协助改善游戏体验、工作流程和性能。Sprite表是一个图形图像文件，该文件包含选定元件中使用的所有图形元素。在文件中会以平铺方式展示这些元素。在库中选择元件时，还可以包含库中的位图。创建Sprite表很简单，在库中或舞台上选择元件后右击，在弹出的快捷菜单中选择"生成Sprite表"选项，如图1-5所示。

图 1-5

4. 创建预先封装的 Adobe AIR 应用程序

使用预先封装的Adobe AIR captive运行可为用户创建和发布应用程序，改善用户体验，以及通过预制的本地扩展，使用户获得访问专用设备的能力。简化应用程序的测试流程，使终端用户无须额外下载即可运行其内容。

5. Adobe AIR 移动设备模拟

Adobe AIR移动设备模拟可模拟屏幕方向、触控手势和加速计等常用的移动设备应用互动来加速测试流程。

6. 锁定 3D 场景

使用直接模式作用于针对硬件加速的2D内容的开源Starling Framework，从而增强渲染效果。

1.2) Flash的工作界面

Flash的工作界面主要包括菜单栏、舞台与工作区、工具箱、时间轴，以及一些常用的面板等，如图1-6所示。

图 1-6

1. 菜单栏

新版本的菜单栏最左侧是Flash的图标按钮，接着从左往右依次是"文件""编辑""视图""插入""修改""文本""命令""控制""调试""窗口"和"帮助"等菜单项。在这些菜单中可以执行Flash中的绝大多数操作命令。

2. 舞台和工作区

舞台是用户创建Flash文件时放置内容的矩形选区（默认为白色），只有在舞台中的对象才能够作为影片输出或打印。而工作区则是以淡灰色显示，使用"工作区"命令可以查看场景中部分或全部超出舞台的元素，在测试影片时，这些对象不会显示出来。

3. 工具箱

默认情况下，工具箱位于窗口的左侧，其中包含选择工具、文本工具、变形工具、绘图工具以及填充颜色工具等。将光标移动到按钮之上，可显示该按钮的名称。若单击任一工具按钮，可将其激活并使用。工具箱的位置可以改变，用鼠标按住工具箱上方的空白区域可进行随意拖曳。

4. 时间轴

时间轴由图层、帧和播放头组成，主要用于组织和控制文档内容在一定时间内播放的帧数。时间轴面板可以分为左右两个区域：左边是图层控制区域，右边是帧控制区域，如图1-7所示。

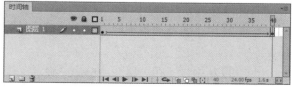

图 1-7

- **图层控制区域**：用于设置整个动画的"空间"顺序，包括图层的隐藏、锁定、插入、删除等。在时间轴中，图层就像堆叠在一起的多张幻灯片，每个图层包含一个显示在舞台中的不同图像。
- **帧控制区**：用于设置各图层中各帧的播放顺序，由若干帧单元格构成，每一格代表一帧，一帧又包含若干内容，即所要显示的图片及动作。将这些图片连续播放，就能观看到一个动画影片。帧控制区的下边是帧工作区，显示各帧的属性信息。

5. 常用面板

Flash中有许多控制面板，用于帮助用户快速准确地执行特定命令。例如"颜色"面板主要用于修改FLA的调色板，并更改笔触和填充的颜色，如图1-8所示。"对齐"面板用于将对象对齐，如图1-9所示。"属性"面板是一个比较特殊的面板，单击选中不同的对象或工具时，会自动显示相应的属性面板，图1-10所示为图形元件的"属性"面板。

图 1-8

图 1-9 　　　　图 1-10

> ✅**知识点拨** 关于面板的一些设置技巧：
> - **打开面板**：选择"窗口"命令，在弹出的菜单中选择所需的面板名称。
> - **关闭面板**：右击要关闭的面板标题栏，在弹出的快捷菜单中选择"关闭"选项。
> - **展开和折叠面板**：双击面板左侧的名称可以展开或折叠该面板。

1.3 Flash的基本操作

在制作Flash动画前，了解Flash的基本操作是很有必要的。例如，Flash文档的属性设置，打开、保存以及导入素材等。

1.3.1 设置文档属性

设置文档属性是制作动画的第一步，通过属性面板可以设置舞台大小、背景颜色、帧频等。下面介绍文档属性的具体设置操作。

步骤01 单击属性面板中的"编辑文档属性"按钮，打开如图1-11所示的"文档设置"对话框。

步骤02 从中设置相关属性后单击"确定"按钮，可看到舞台的大小、背景颜色都发生了改变，如图1-12所示。

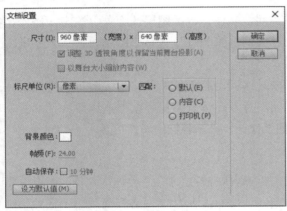

图 1-11

图 1-12

✅知识点拨 执行"修改"|"文档"命令，或者按Ctrl+J组合键，也可打开"文档属性"对话框。

1.3.2 打开已有文档

打开Flash文档的方法有很多种，使用以下任意一种方法均可打开已有的Flash文档。

- 直接在Flash软件的初始界面中单击"打开"按钮。
- 直接双击Flash文件的图标。
- 通过文件菜单，即执行"文件"|"打开"命令，或按Ctrl+O组合键。

1.3.3 保存新建文档

保存Flash文档的方法有很多种，使用以下任意一种方法均可保存文档。

- 选择"文件"|"保存"命令。
- 选择"文件"|"另存为"命令。
- 选择"文件"|"全部保存"命令。

● 按Ctrl+S组合键。

● 按Ctrl+Shift+S组合键。

1.3.4 将素材导入到库

素材的调用是制作Flash动画的基本技能，用户可以将素材导入当前文档的舞台中或库中。导入到库中的操作如下。

步骤01 选择"文件"|"导入"|"导入到库"命令，打开"导入到库"对话框，如图1-13所示。

步骤02 从中选择要导入的单张图片或多张图片，单击"打开"按钮，即可将选中的对象导入库中，如图1-14所示。

图 1-13

图 1-14

1.4 图像的基础知识

图像是Flash中最常用的素材之一，在Flash中可以导入的图像格式有多种，包括JPG、PNG、GIF和BMP等。在制作Flash动画时，了解一些图像的基础知识是很有必要的，例如矢量图和位图、图像的像素和分辨率等。

1.4.1 矢量图与位图

根据显示原理的不同，图像可以分为位图和矢量图。矢量图和位图各有利弊，根据不同的情况可使用不同的图片格式。

1. 矢量图

矢量图使用直线和曲线来描述，如点、线、矩形、多边形、圆和弧线等，都是通过数学公式计算获得的。矢量图文件占用内存空间较小，因为这种类型的图像文件包含独立的分离图像，可以无限制地自由组合。由于这种保存图像信息的办法与分辨率无关，因此无论放大或缩小多少，都有一样平滑的边缘，一样的视觉细节和清晰度，这意味着这种图像可以按最高分辨率显示到输出设备上，如图1-15所示。

图 1-15

矢量图的特点是放大后图像不会失真，和分辨率无关，文件占用空间较小，适用于图形设计、文字设计、标志设计、版式设计等。其最大的缺点是难以表现色彩层次丰富的逼真图像效果。常见的矢量图绘制软件有CorelDraw、Illustrator、Freehand、XARA、Auto CAD等。

2. 位图

位图也叫像素图，由像素或点的网格组成，这些点可以进行不同的排列和染色来构成图样。当放大位图时，可以看见构成整个图像的无数单个方块。扩大位图尺寸的效果是增大单个像素，从而使线条和形状显得参差不齐。如果将这类图像放大到一定的程度，会发现它是由一个个小方块组成的，这些小方块被称为像素点，如图1-16所示。

图 1-16

像素点是图像中最小的图像元素，一幅位图图像包括的像素可以达到百万级，因此，位图的大小和质量取决于图像中像素点的多少，通常来说，每平方英寸的面积上所含像素点越多，颜色之间的混合也越平滑，同时文件也越大。缩小位图尺寸是通过减少像素来使整个图像变小的。常见的位图编辑软件有Photoshop、Painter等。

矢量图和位图的区别如表1-1所示。

表1-1

图像类型	组成	优点	缺点
位图	像素	只要有足够多的不同色彩的像素，就可以制作出色彩丰富的图像，逼真地表现自然界的景象	缩放和旋转容易失真，同时文件容量较大
矢量图	数学向量	文件容量较小，在进行放大、缩小或旋转等操作时图像不会失真	不易制作色彩变化太大的图像

1.4.2　像素与分辨率

像素和分辨率是和图像相关的重要概念，是衡量图像细节表现力的技术参数，掌握这些基本概念，有助于更好地学习Flash的动画制作。

1. 像素

像素是指基本原色素及其灰度的基本编码。像素（Pixel）是由Picture（图像）和Element（元素）两个单词组成，用来计算数码影像的一种单位。是构成图像的最小单位，是图像的基本元素。若把图像放大数倍，会发现这些连续色调其实是由许多色彩相近的小方块组成，这些小方块就是构成图像的最小单位"像素"（Pixel）。这种最小的图形单元在屏幕上显示通常是单个的染色点。像素的位深度越高，其支持的色彩范围也就越广，从而能真实地表达颜色。图1-17所示为不同像素的图像。

图 1-17

在计算机编程中，像素组成的图像叫位图或者光栅图像。位图化图像可用于编码数字图像和某些类型的计算机生成艺术。简单来说，像素就是图像的点的数值，点画成线，线画成面。

2. 分辨率

分辨率是指单位长度内所含像素的数量，单位为"像素每英寸"（Pixels Per Inch，PPI）。分辨率是屏幕图像的精密度，指显示器所能显示的像素的多少。由于屏幕上的点、线和面都是由像素组成的，显示器可显示的像素越多，画面就越精细，同样的屏幕区域内能显示的信息也越多，所以分辨率是非常重要的性能指标之一。如果把整个图像想象成一个大型的棋盘，那么分辨率的表示方式就是所有经线和纬线交叉点的数目。由此可见，图像的分辨率可以改变图像的精细程度，直接影响图像的清晰度，即图像的分辨率越高，图像的清晰度也就越高，图像占用的存储空间也越大。图1-18所示为不同分辨率的图像。

图 1-18

分辨率不仅与显示尺寸有关，还受显像管点距、视频带宽等因素的影响，和刷新频率的关系也比较密切。严格地说，显示器能达到的最高分辨率数，即为这个显示器的最高分辨率。分辨率的种类有很多，其含义也各不相同，正确理解分辨率在各种情况下的具体含义，弄清不同表示方法之间的相互关系至关重要。

分辨率通常是以像素数来计量的。一些用户往往把分辨率和点距混为一谈，这是两个截然不同的概念。点距是指像素点与点之间的距离，像素数越多，其分辨率就越高。

1.5 Flash动画的应用

Flash动画以其精巧的身姿，轻而易举地占据了网络世界的大半天下。从广告到网站Logo，再到导航按钮、站点片头甚至整站设计，Flash的应用随处可见。此外，Flash技术还广泛应用于多媒体课件、MTV、在线游戏等的制作中。

1. 多媒体课件

Flash的交互性为多媒体课件的制作增添了优势，结合ActionScript可以制作各种测试题、调查问卷等，使其成为辅助教学的重要手段。用Flash制作的多媒体课件可以生成".exe"文件，通过光盘单机独立运行。多媒体课件集图像、文字、声音、视频于一体，实现了传统教材的立体化，同时也推动了教学手段、教学方法的多样化。图1-19、图1-20所示为化学课件。

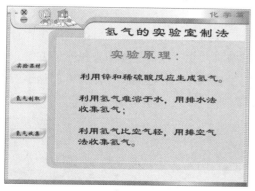

图 1-19

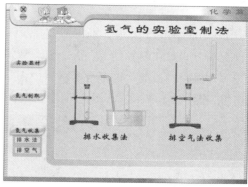

图 1-20

2. 网络广告

  Flash制作的广告与传统的广告相比有着显著的优势，作为一种新兴传播媒体，Flash具有非常高的自由度与互动特性。Flash广告具有很好的视觉冲击力，能够将整体节奏控制得恰到好处，让人过目不忘。常见网络广告有很多种类，如横幅式、插播式、按钮式、文本链接等，图1-21、图1-22所示为网络广告。

图 1-21

图 1-22

3. 动态网页

  Flash是一款非常优秀的多媒体和动态网页的设计工具，使用它可以制作出后缀为".swf"的文件，这种文件可以插入HTML中，也可以单独作为网页，在连接互联网时可边下载边播放，避免了用户长时间的等待，因此十分适合在网络上传输。同时制作精美的Flash动画可以具有很强的视觉冲击力和听觉冲击力，从而达到比以往静态页面更好的宣传效果，如图1-23、图1-24所示。

图 1-23

图 1-24

4. 电子贺卡

利用Flash制作电子贺卡，不仅图文并茂，而且可以添加音乐背景，是目前网络中比较流行的一种祝福方式。在新春佳节、五一节、教师节等节日制作一张电子贺卡发给亲朋好友，意味着送去一片温暖。目前，许多大的网站中都有专门的贺卡专栏，还有许多用户专门从事贺卡制作与销售。图1-25、图1-26所示为不同样式的电子贺卡。

图 1-25   图 1-26

5. 动画短片

使用Flash可以制作各种风格的动画，题材涉及范围很广，类型丰富多彩，并且可以为动画配声音效果，目前已经涌现出许多出色的Flash动画，很多公益广告也通过Flash动画做推广。Flash拥有的互动能力及动画制作的便捷性可以节省大量的绘制时间，可以更快地制作动画短片作品。图1-27、图1-28所示为公益宣传短片。

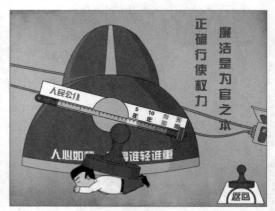

图 1-27   图 1-28

6. 音乐 MV

利用Flash软件制作出来的MV，因其既具有动画的特点，又配有歌曲，文件较小，上传下载快，在网络上深受人们的喜爱。同样一首歌曲，在广播里听，无形无影，在电视上看，不过是真人的几个镜头切换，但制作成Flash效果则大不一样了。图1-29、图1-30所示为音乐MV短片案例。

图 1-29

图 1-30

7. 交互式游戏

　　通过ActionScript可以增加Flash作品的交互性。大部分的手机游戏应用Flash进行开发。网络游戏的种类也越来越多，图1-31、图1-32所示为Flash小游戏。Flash动画游戏给人们带来娱乐的同时，也推动了更多周边产业的发展。

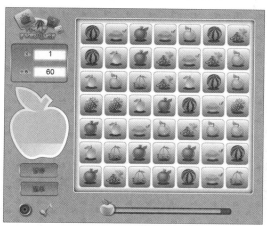

图 1-31

图 1-32

> **✅知识点拨** 在设计一个动画之前，应该对这个动画做好足够的分析工作，理清创作思路，拟定创作提纲。明确制作动画的目的，要制作什么样的动画，通过这个动画要达到什么样的效果，以及通过什么形式将它表现出来，同时还要考虑不同观众的欣赏水平。做好动画的整体风格设计，突出动画的个性。"好的开端是成功的一半"，做好动画的构思工作，作品也就成功了一半。对于初学者，可模仿优秀的Flash作品，学习作者的设计思路和设计技巧。

1.6 课后练习

1. 填空题

（1）Flash的工作界面主要包括标题栏、_____、菜单栏、_____、舞台和工作区，以及一些常用的面板等。

（2）时间轴主要由_____、_____和播放头组成。

（3）图像的分辨率越高，图像的清晰度也就越_____，图像占用的存储空间也越_____。

（4）矢量图的特点是放大后图像不会失真，和分辨率无关，文件占用空间较小，适用于_____、_____、文字设计、版式设计等。

2. 选择题

（1）Flash中时间轴的用途是（　　　）。

A. 制作动画情节　　　　B. 开启新文件　　　　　C. 关闭旧文件　　　　　D. 储存旧文件

（2）打开文件的快捷键是（　　　）。

A. Ctrl+R　　　　　　B. Ctrl+O　　　　　　C. Ctrl+E　　　　　　D. Ctrl+S

（3）Flash动画的应用领域非常广泛，下列不属于其应用范围的是（　　　）。

A. 交互式游戏　　　　B. 多媒体课件　　　　C. 视频剪辑　　　　D. 动态网页

（4）矢量图形用（　　）来描述图像。

A. 直线　　　　　　　B. 曲线　　　　　　　C. 色块　　　　　　D. 直线和曲线

（5）设置文档属性是制作动画的第一步，下列不属于打开文档属性的方法是（　　　）。

A. 按Ctrl+J快捷键

B. 执行"修改"|"文档"命令

C. 按Ctrl+R快捷键

D. 单击属性面板中"大小"选项右侧的"编辑"按钮

3. 操作题

新建一个960×720像素的空白文档，然后将图像素材导入到库中，并拖入到舞台，如图1-33所示，最后保存文件。

操作提示：

步骤 01 启动Flash应用程序，执行"文件"|"导入"|"导入到库"命令。

步骤 02 打开"导入到库"对话框并选择图像。

步骤 03 在库中选择图像并将其拖入舞台中。

图 1-33

Flash

时间轴和图层是Flash中最核心的组成部分，动画的播放顺序、动作行为等都是在时间轴和图层中编排的。本章将对帧与图层的编辑操作进行详细介绍。通过对本章内容的学习，读者可以熟悉帧的类型、图层的应用，以及时间轴的基本操作等。

✎ **要点难点**

- 了解时间轴面板的组成
- 了解帧的类型及概念
- 熟悉帧的编辑方法
- 掌握图层的编辑方法

2.1 时间轴和帧

在Flash文档中，时间轴和帧是非常关键的内容，因为它们决定着帧对象的播放顺序。本节将对时间轴和帧的相关知识进行详细介绍。

2.1.1 认识时间轴

时间轴是创建Flash动画的核心部分，用于组织和控制一定时间内的图层和帧中的文档内容。图层就像堆叠在一起的多张幻灯片，每个图层都包含一个显示在舞台中的不同图像。图层和帧中的图像、文字等对象随着时间的变化而变化，从而形成动画。

若工作界面中的时间轴面板被隐藏，则可以通过执行"窗口"|"时间轴"命令，或按Ctrl＋Alt＋T组合键打开"时间轴"面板，如图2-1所示。

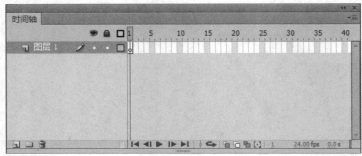

图 2-1

从图2-1中可以看出，时间轴由图层、帧标尺、播放指针、帧等组成。各组成部分的含义如下。

- **图层：** 可以在不同的图层中放置相应的对象，从而产生层次丰富、变化多样的动画效果。
- **播放指针：** 用于指示在舞台中显示的当前帧。
- **帧：** Flash动画的基本单位，代表不同的时刻。
- **帧频率：** 用于指示当前动画每秒钟播放的帧数。
- **运时间：** 用于指示播放到当前位置所需要的时间。
- **帧标尺：** 用于指示显示时间轴中的帧所使用时间长度标尺，每一格表示一帧。

✅**知识点拨** 用户可以根据自己的使用习惯调整时间轴的位置，可以使其处于嵌入状态或悬浮状态，也可以将其显示或隐藏。

2.1.2 帧的类型

帧是构成动画的基本单位，对动画的操作实质上是对帧的操作。在Flash中，一帧就是一幅静止的画面，画面中的内容在不同的帧中产生如大小、位置、形状等的变化，再以一定的速度从左到右播放时间轴中的帧，连续的帧就形成动画。

通常所说的帧数，就是每秒传输的图片的帧数，通常用fps（Frames Per Second）表示。高的帧率可以得到更流畅、更逼真的动画。

1. 帧的类型

在Flash中，帧主要分为3种：普通帧、关键帧和空白关键帧，如图2-2所示。

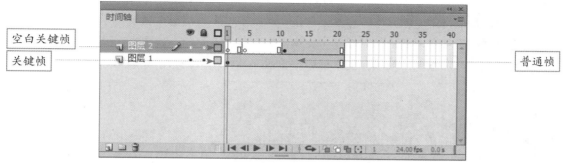

图 2-2

- **关键帧**：关键帧是指在动画播放过程中，呈现关键性动作或内容变化的帧。关键帧定义了动画的变化环节。在时间轴中，关键帧以一个实心的小黑点表示。
- **普通帧**：普通帧一般处于关键帧后方，其作用是延长关键帧中动画的播放时间，一个关键帧后的普通帧越多，该关键帧的播放时间越长。普通帧以灰色方格表示。
- **空白关键帧**：这类关键帧在时间轴中以一个空心圆表示，该关键帧中没有任何内容。如果在其中添加内容，则转变为关键帧。

2. 设置帧的显示状态

单击时间轴右上角的 按钮，在弹出的下拉菜单中选择相应的命令，即可改变帧的显示状态，如图2-3、图2-4所示。

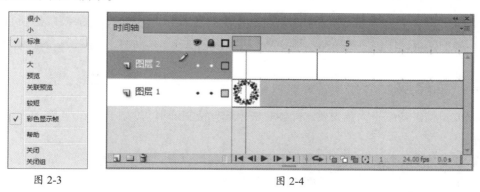

图 2-3   图 2-4

该菜单中主要选项的含义如下。

- **很小、小、标准、中、大**：用于设置帧单元格的大小。
- **预览**：表示以缩略图的形式显示每帧的状态。
- **关联预览**：显示对象在各帧中的位置，有利于观察对象在整个动画过程中的位置变化。
- **较短**：缩小帧单元格的高度。
- **彩色显示帧**：该命令是系统默认的选项，用于设置以不同的颜色显示帧的外观。若取消对该选项的勾选，则所有的帧都以白色显示。

3. 设置帧频

帧频就是单位时间内播放的帧数。例如Flash的帧频为12fps，表示每秒播放12帧的影片内容。帧频太低会使动画看起来一顿一顿的，帧频太高会使动画的细节变得模糊。默认情况下，Flash文档的帧频是24fps。在Flash中，可以通过以下方法设置帧频。

- 在时间轴底部的"帧频率"标签上单击，在文本框中直接输入帧频。
- 在"文档设置"对话框的"帧频"文本框中直接设置帧频，如图2-5所示。
- 在"属性"面板的"帧频"文本框中直接输入帧的频率，如图2-6所示。

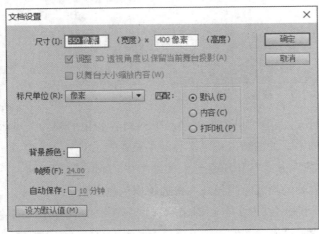

图 2-5

图 2-6

2.2　帧的编辑

Flash动画是由一些连续不断的帧组成的，要使动画真正地动起来，还需要掌握帧的基本操作。编辑帧的基本操作包括选择帧、删除帧、清除帧、复制和粘贴帧、移动帧、翻转帧等。

2.2.1　选择帧

如果要对帧进行编辑，首先要选择帧。根据选择范围的不同，在Flash中，帧的选择有以下几种情况。

- 若要选中单个帧，只需在时间轴上单击帧所在的位置，如图2-7所示。
- 若要选择连续的多个帧，可以按住鼠标左键直接拖曳框选，或者先选择第一帧，然后按Shift键的同时单击最后一帧，如图2-8所示。

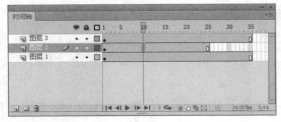

图 2-7

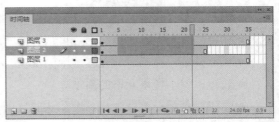

图 2-8

- 若要选择不连续的多个帧，只需按Ctrl键，依次单击要选择的帧，如图2-9所示。
- 若要选择所有的帧，只需选择某一帧后右击，在弹出的快捷菜单中选择"选择所有帧"命令，如图2-10所示。

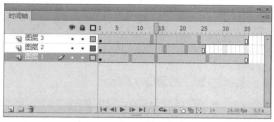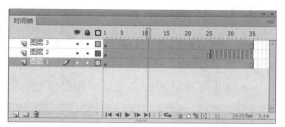

图 2-9　　　　　　　　　　　　　　　　　　　　图 2-10

2.2.2　插入帧

在编辑动画的过程中，根据动画制作的需要，用户可以任意插入普通帧、关键帧以及空白关键帧。

1. 插入普通帧

插入普通帧的方法非常简单，主要包括以下几种方法。

- 在需要插入帧的位置右击，在弹出的快捷菜单中执行"插入帧"命令。
- 在需要插入帧的位置单击，执行"插入"|"时间轴"|"帧"命令。
- 直接按F5快捷键。

2. 插入关键帧

插入关键帧的方法如下。

- 在需要插入关键帧的位置右击，在弹出的快捷菜单中执行"插入关键帧"命令。
- 在需要插入关键帧的位置单击，执行"插入"|"时间轴"|"关键帧"命令。
- 直接按F6快捷键。

3. 插入空白关键帧

插入空白关键帧的方法如下。

- 在需要插入空白关键帧的位置右击，在弹出的快捷菜单中执行"插入空白关键帧"命令。
- 如果前一个关键帧中有内容，在需要插入空白关键帧的位置单击，执行"插入"|"时间轴"|"空白关键帧"命令，如图2-11所示。

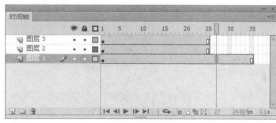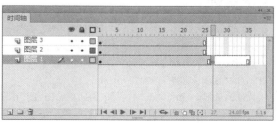

图 2-11

- 如果前一个关键帧中没有内容，直接插入关键帧即可得到空白关键帧。
- 直接按F7快捷键。

2.2.3 移动帧

在动画制作过程中，有时需要对时间轴上的帧进行调整分配，将已经存在的帧移动到新位置的方法主要有以下两种。

- 选中要移动的帧，然后按住鼠标左键将其拖到目标位置，如图2-12所示。

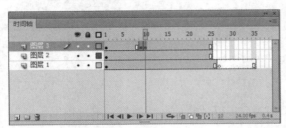

图 2-12

- 选择要移动的帧，右击，在弹出的快捷菜单中执行"剪切帧"命令，然后在目标位置再次右击，在弹出的快捷菜单中执行"粘贴帧"命令。

2.2.4 复制帧

在制作动画的过程中，有时需要用到一些相同的帧，对帧进行复制、粘贴操作可以得到内容完全相同的帧，从而提高工作效率。在Flash中，复制帧的方法主要有以下两种。

- 选中要复制的帧，然后按住Alt键将其拖曳到要复制的位置。
- 选中要复制的帧，右击，在弹出的快捷菜单中执行"复制帧"命令，然后右击目标帧，在弹出的快捷菜单中执行"粘贴帧"命令，图2-13所示为复制帧前后的效果对比。

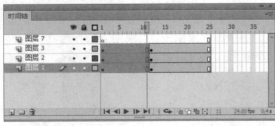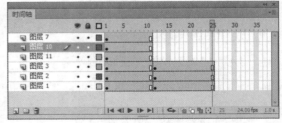

图 2-13

✓知识点拨

- **快速复制**：选择舞台中要复制的内容，按住Alt键将其拖曳至合适位置，可以复制选择的内容。
- **复制后原位置粘贴**：选中舞台上要复制的内容，按Ctrl+C组合键进行复制，再按Ctrl+Shift+V组合键进行原位置粘贴。粘贴的内容就会和被复制的内容位置重合。
- **时间轴上帧的复制**：选择时间轴上要复制的帧，按住Alt键拖曳光标，移至另一帧上，可以复制帧上所有内容。同样的方法也可以复制多个帧。
- **元件的复制**：Flash中元件的复制可以粘贴在另一个Flash文档中。打开库面板，选中要复制的元件后右击进行复制，打开另一个Flash文档，粘贴在库中即可，注意元件名不可以重复。

2.2.5 删除和清除帧

在制作动画的过程中，若发现文档中创建的帧是错误的或者无意义的，可以将其删除。选择要删除的帧，右击，在弹出的快捷菜单中执行"删除帧"命令，或按Shift+F5组合键。

清除帧就是清除关键帧中的内容，但是保留帧所在的位置，即转换为空白帧。选择需要清除的帧，右击，在弹出的菜单中执行"清除帧"命令。清除关键帧可以将选中的关键帧转化为普通帧。

2.2.6 翻转帧

翻转帧的功能可以将选中帧的播放序列进行颠倒，即最后一个关键帧变为第一个关键帧，第一个关键帧成为最后一个关键帧。首先选择时间轴中的某一图层上的所有帧（该图层上至少包含有两个关键帧，且位于帧序的开始和结束位置）或多个帧，然后使用以下任意一种方法即可完成翻转帧的操作。

- 执行"修改"|"时间轴"|"翻转帧"命令。
- 在选择的帧上右击，在弹出的快捷菜单中执行"翻转帧"命令。

2.2.7 转换帧

如果需要将帧转换为关键帧，可以选中帧并右击，在弹出的快捷菜单中执行"转换为关键帧"命令。"转换为空白关键帧"命令可以将当前帧以后的帧转换为空白关键帧，具体操作方法是：选择需要转换为空白关键帧的帧，右击，在弹出的快捷菜单中执行"转换为空白关键帧"命令。

2.2.8 动手练：文字切换动画

📎 案例素材：本书实例/第2章/动手练/文字切换动画

本案例以文字切换动画的制作为例，介绍帧的编辑，具体操作如下。

步骤 **01** 新建文档，设置舞台背景的颜色，如图2-14所示。

步骤 **02** 使用文字工具在舞台中单击并输入文字，如图2-15所示。

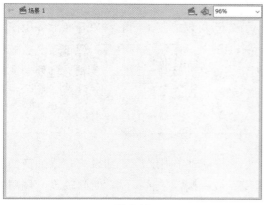

图 2-14

图 2-15

步骤 03 在第5帧按F6键插入关键帧，修改文字内容，如图2-16所示。

步骤 04 在第10帧按F6键插入关键帧，修改文字内容，如图2-17所示。

图 2-16

图 2-17

步骤 05 在第15帧按F6键插入关键帧，修改文字内容，如图2-18所示。

步骤 06 在第20帧按F5键插入帧，如图2-19所示。

图 2-18

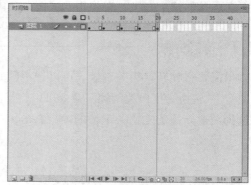

图 2-19

至此，完成文字切换动画的制作。

2.3 图层的编辑

在Flash中，图层就像一张张透明的纸，在每一张纸上可以绘制不同的对象。在上一层添加的内容会遮住下一层中相同位置的内容。但如果上一层的某个区域没有内容，透过这个区域可以看到下一层相同位置的内容。下面将对图层的创建、命名、选择、删除、复制、排列等操作进行详细介绍。

2.3.1 创建图层

一个新建的Flash文档，在默认情况下只有一个图层，即"图层1"。如果需要添加新的图层，只需要单击图层编辑区中的"新建图层"按钮，或者执行"插入"|"时间轴"|"图层"命令，即可创建新图层。默认情况下，新创建的图层将按照图层1、图层2、图层3……进行顺序

命名，如图2-20所示。

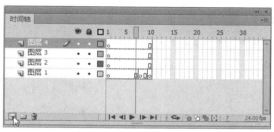

图2-20

2.3.2 选择图层

要编辑图层，首先要选取图层。用户可以根据需要选择单个图层，也可以选择多个图层，具体方法介绍如下。

1. 选择单个图层

选择单个图层有以下3种方法。

● 在时间轴的"图层查看"区中单击图层，即可选择。

● 在时间轴的"帧查看"区的帧格上单击，即可选择该帧所对应的图层。

● 在舞台上单击要选择图层中所包含的对象，即可选择该图层。

2. 选择多个图层

若需要选择多个相邻的图层，则应按住Shift键同时选择图层，如图2-21所示；若需要选择不相邻的图层，则应按住Ctrl键的同时选择图层，如图2-22所示。

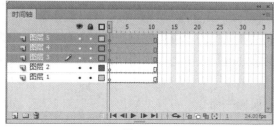

图 2-21

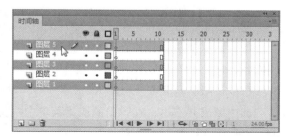

图 2-22

2.3.3 删除图层

如果要将不需要的图层删除，选择要删除的图层，右击，在弹出的快捷菜单中执行"删除图层"命令即可。或者选择要删除的图层，然后单击图层编辑区中的"删除"按钮 🗑。

2.3.4 重命名图层

为了便于识别每个图层放置的内容，用户可以为各图层进行重命名。选择图层，在图层名称上双击，使其名称进入编辑状态，如图2-23所示。接着在文本框中输入新名称，最后按Enter键确认，如图2-24所示。

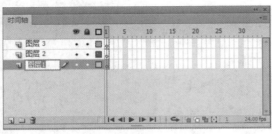

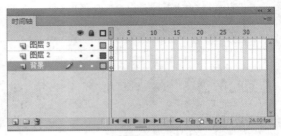

图 2-23 图 2-24

✅ **知识点拨** 选择要重命名的图层并右击，在弹出的快捷菜单中执行"属性"命令，打开"图层属性"对话框，在"名称"文本框中输入名称，然后单击"确定"按钮。

2.3.5 调整图层的顺序

图层位置不同，所带来的显示效果也不同，这是因为下层图层内容只能通过上层图层透明的区域显示出来，因此，调整图层的排列顺序至关重要。

选择需要移动的图层，按住鼠标左键并拖曳，图层以一条粗横线表示，如图2-25所示。拖曳图层到相应的位置后释放鼠标，图层就移到了新的位置，如图2-26所示。

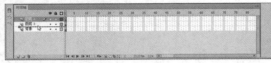

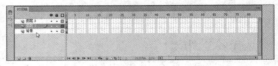

图 2-25 图 2-26

2.3.6 设置图层的属性

每个图层都是相互独立的，都拥有自己的时间轴和帧，用户可以在一个图层上任意修改图层内容，而不会影响其他图层。用户可以对图层的属性进行设置，例如图层的名称、类型、轮廓颜色以及图层高度等。

选中图层并右击，在弹出的快捷菜单中执行"属性"命令，打开"图层属性"对话框，如图2-27所示，其中各选项的含义如下。

● **名称**：用于设置图层的名称。

● **显示**：若取消选中该复选框，则可以隐藏图层；若选中该复选框，则显示图层。

● **锁定**：若取消选中该复选框，则可以解锁图层；若选中该复选框，则锁定图层。

● **类型**：用于设置图层的相应属性，包括"一般""遮罩层""被遮罩""文件夹"和"引导层"5个单选按钮。

● **轮廓颜色**：用于设置该图层对象的轮廓颜色。

● **将图层视为轮廓**：若选中该复选框，则该图层中的对象将以线框模式显示。

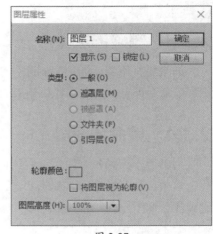

图 2-27

● **图层高度：** 用于设置图层的高度。将图层高度设置为200%，效果如图2-28所示。

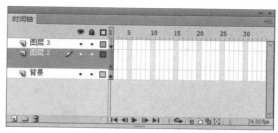

图 2-28

2.3.7 设置图层的状态

当Flash中的图层内容较多时，可以通过一些命令同时对多个图层进行操作。在编辑当前图层时，其他层的对象也可能被选中，这会影响用户的操作。因此，Flash提供一些锁定和隐藏的功能。

1. 显示与隐藏图层

在制作动画时，若舞台上的对象太多，为了避免错误操作，可以将其他不需要编辑的图层隐藏起来，这样舞台会显得更有条理，操作起来方便明了。在隐藏状态下的图层不可见，也不能被编辑，完成编辑后再将其他图层显示出来。

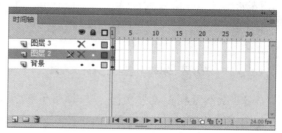

图 2-29

隐藏/显示图层的具体方法：单击图层名称右侧的隐藏栏即可，隐藏的图层上将标记一个 ✖ 符号，如图2-29所示。再次单击隐藏栏则显示图层。

> **⊘ 注意事项** 单击"显示/隐藏所有图层"按钮 👁，可以将所有的图层隐藏，再次单击则显示所有图层。图层被隐藏后不能进行编辑。

2. 锁定图层

为了防止不小心修改已经编辑好的图层内容，可锁定该图层。图层被锁定后不能进行编辑。选定要锁定的图层，单击图层名称右侧的锁定栏即可锁定图层，锁定的图层上将标记一个 🔒 符号，如图2-30所示。再次单击该层中的 🔒 图标即可解锁。

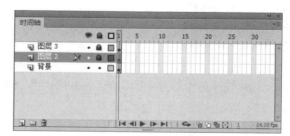

图 2-30

> **⊘ 注意事项** 单击"锁定或解除锁定所有图层"按钮 🔒，可以将所有图层锁定，再次单击即可解锁所有图层。

3. 显示图层的轮廓

当某个图层中的对象被另外一个图层中的对象遮挡时，可以使遮挡层处于轮廓显示状态，以便对当前图层进行编辑。图层处于轮廓显示时，舞台中的对象只显示其外轮廓。

单击图层中的"轮廓显示"按钮 ■，可以使该图层中的对象以轮廓方式显示，如图2-31所示。再次单击该按钮，可恢复图层中对象的正常显示，如图2-32所示。

图 2-31

图 2-32

❶注意事项 单击"将所有对象显示为轮廓"按钮▢，可将所有图层上的对象显示为轮廓，再次单击可恢复显示。
每个对象的轮廓颜色和其所在图层的轮廓颜色相同。

2.3.8 动手练：望远镜效果

📎 **案例素材：本书实例/第2章/动手练/望远镜效果**

本案例以望远镜效果动画的制作为例，介绍
图层的编辑，具体操作如下。

步骤01 打开本章素材文件，将"背景"元件
从"库"面板中拖曳至舞台中，使其与舞台左对
齐，效果如图2-33所示。

图 2-33

步骤02 选中舞台中的实例，在"属性"面板
中添加模糊滤镜，如图2-34所示。

图 2-34

步骤 03 在第60帧按F6键插入关键帧，使背景与舞台右对齐，如图2-35所示。

步骤 04 选中第1～60帧中的任意一帧，右击，在弹出的快捷菜单中执行"创建传统补间"命令创建传统补间动画，如图2-36所示。

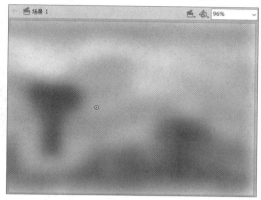

图 2-35

图 2-36

步骤 05 新建图层2，将"背景"元件从"库"面板中拖曳至舞台中，使其与舞台左对齐，在第60帧按F6键插入关键帧，使背景与舞台右对齐，如图2-37所示。

步骤 06 选中第1～60帧中任意一帧，右击，在弹出的快捷菜单中执行"创建传统补间"命令创建传统补间动画，如图2-38所示。

图 2-37

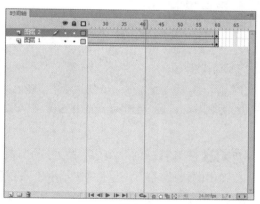

图 2-38

步骤 07 新建图层3，将"望远镜"元件从"库"面板中拖曳至舞台中，如图2-39所示。

图 2-39

步骤 08 在第20帧按F6键插入关键帧，移动实例位置，如图2-40所示。

图 2-40

步骤 09 在第40帧按F6键插入关键帧，移动实例位置，如图2-41所示。

步骤 10 在第60帧按F6键插入关键帧，移动实例位置，如图2-42所示。

图 2-41

图 2-42

步骤 11 在图层3第1~20帧、第21~40帧、第41~60帧创建传统补间动画。选中图层3，右击，在弹出的快捷菜单中执行"遮罩层"命令创建遮罩动画，如图2-43所示。

步骤 12 按Ctrl+Enter组合键预览，如图2-44所示。

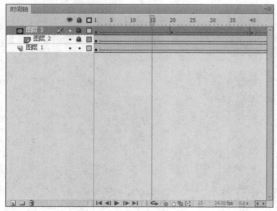

图 2-43

图 2-44

2.4 综合实战：快乐的鸟儿

📖 **案例素材：本书实例/第2章/案例实战/快乐的鸟儿**

本案例将以"快乐的小鸟"的制作为例，介绍图层和帧的编辑，具体操作过程如下。

步骤01 打开素材文档，将其另存为"快乐小鸟"，然后将"图层1"重命名为"天空"，如图2-45所示。最后利用矩形工具绘制一个与舞台大小相同的矩形。

步骤02 使用颜料桶工具为其填充渐变色（#4691E6、#DDECFF），并转化为图形元件，在第145帧处插入普通帧，如图2-46所示。

图 2-45

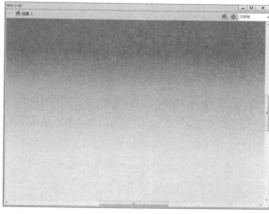

图 2-46

步骤03 新建图形元件"云"，选择直线工具绘制形状，使用选择工具调整形状和锚点位置，然后为其填充白色（#FFFFFF），如图2-47所示。

步骤04 返回场景1，新建图层"云"，将"云"元件拖入舞台，并在第5帧、第90帧、第145帧插入关键帧，如图2-48所示。

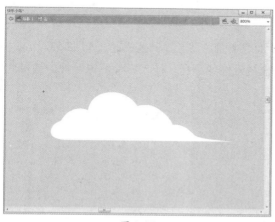

图 2-47

图 2-48

步骤05 将第90帧上的图形元件"云"向右移动，在第5～90帧和第90～145帧创建传统补间动画，如图2-49所示。

步骤06 新建图层"云1"，将图形元件"云"拖入舞台，调整其大小，如图2-50所示。

图 2-49

图 2-50

步骤 07 新建图层"云2""云3"，将元件"云"拖入舞台，并调整其大小及位置，分别在"云2""云3"图层中的第10帧、第90帧、第145帧处插入关键帧，如图2-51所示。

步骤 08 将"云2"图层和"云3"图层中的第90帧上的图形元件分别向左、向右移动，最后在"云2""云3"图层的第10～90帧和第90～145帧创建传统补间动画，如图2-52所示。

图 2-51

图 2-52

步骤 09 新建图层"地面"，将库中的"地面"元件素材拖入舞台，调整位置，如图2-53所示。

步骤 10 新建影片剪辑元件"飞行的鸟1"，将素材元件"小鸟"拖入影片剪辑元件的编辑区中，并在第4帧插入普通帧，如图2-54所示。

图 2-53

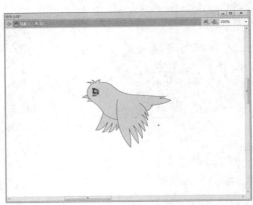

图 2-54

步骤 11 在第5帧处插入关键帧，将元件"小鸟"向上移动，进入编辑状态，调整翅膀，并在第8帧处插入普通帧，如图2-55所示。

步骤 12 返回场景1，新建图层"鸟1"，将影片剪辑元件"飞行的鸟1"拖入舞台，调整大小及位置，如图2-56所示。

图 2-55

图 2-56

步骤 13 在第120帧处插入关键帧，并将影片剪辑元件移动到舞台的左边，在第1～120帧创建传统补间动画，如图2-57所示。

步骤 14 新建影片剪辑元件"飞行的鸟2"，将元件"小鸟2"拖入影片剪辑元件的编辑区中，并在第4帧插入普通帧，如图2-58所示。

图 2-57

图 2-58

步骤 15 在第5帧处插入关键帧，将元件"小鸟"向下移动，进入编辑状态，调整翅膀，并在第8帧处插入普通帧，如图2-59所示。

图 2-59

步骤16 返回场景1，新建图层"鸟2"，在第20帧插入空白关键帧，将影片剪辑元件"飞行的鸟2"拖入舞台，调整大小及位置，如图2-60所示。

图 2-60

步骤17 在第130帧处插入关键帧，并将影片剪辑元件移动到舞台的左边，在第20~130帧创建传统补间动画，如图2-61所示。

步骤18 用相同的方法，制作影片剪辑"飞行的鸟3"，新建图层"鸟3"，在第45帧处插入空白关键帧，将影片剪辑元件"飞行的鸟3"拖入舞台，调整大小及位置，如图2-62所示。

图 2-61

图 2-62

步骤19 在第145帧处插入关键帧，将影片剪辑元件"飞行的鸟3"移动到舞台左边，在第45~145帧创建传统补间动画，如图2-63所示。

步骤20 新建图层"音乐"，将音乐素材拖入舞台中，最后保存，并按Ctrl+Enter组合键对该动画进行测试，如图2-64所示。

图 2-63

图 2-64

2.5 课后练习

1. 填空题

（1）时间轴主要是由＿＿＿＿＿＿、帧标尺、播放指针、＿＿＿＿＿＿、运动时间等组成。

（2）时间轴是创建Flash动画的核心部分，用于组织和控制一定时间内的＿＿＿＿＿＿和中的文档内容。

（3）在Flash中，帧主要分为3种：普通帧、＿＿＿＿＿＿和空白关键帧。

（4）在动画播放过程中，呈现关键性动作或内容变化的帧是指＿＿＿＿＿＿。

2. 选择题

（1）默认的Flash影片帧频率是（　　　）。

A. 25　　　　　　　B. 24　　　　　　　C. 15　　　　　　　D. 12

（2）执行"插入"｜"时间轴"｜"关键帧"命令可以插入关键帧，按（　　　）键同样可以在时间轴上指定帧位置插入关键帧。

A. F5　　　　　　　B. F6　　　　　　　C. F7　　　　　　　D. F8

（3）执行"修改"｜"时间轴"｜"图层属性"命令，打开"图层属性"对话框，在该对话框中不可以设置的图层属性选项是（　　　）。

A."类型"选项　　　B."轮廓颜色"　　　C."图层高度"　　　D."匹配"

（4）下列选项中，可修改动画播放速度的是（　　　）。

A."文件"｜"保存"　　　　　　　　B."编辑"｜"撤销"

C."修改"｜"文档"　　　　　　　　D."插入"｜"场景"

（5）可以将舞台工作区上的元素精确定位的是（　　　）。

A. 图层　　　　　　B. 元件　　　　　　C. 帧　　　　　　　D. 时间轴

3. 操作题

将图片导入到舞台，并将内容扩展到第20帧，在第12帧插入关键帧，如图2-65所示。

操作提示：

步骤 01 新建Flash文档，执行"文件"｜"导入"｜"导入到库"命令。

步骤 02 将库中的文件拖入舞台。

步骤 03 在第20帧插入普通帧，在第12帧插入关键帧。

图 2-65

Flash

第 3 章
图形的绘制
与编辑

本章对图形的绘制与编辑操作进行详细介绍，内容包括图形的绘制、图像的填充、对象的选择以及编辑等。通过学习这些内容，用户便可以根据需要绘制和编辑各类图形文件，从而使自己的动画表现得更生动形象。

要点难点

- 熟悉辅助绘图工具的调用方法
- 熟悉常见绘图工具的使用方法
- 掌握颜色填充工具的使用技巧
- 掌握矢量图形的编辑操作

3.1 辅助绘图工具

在制作动画时，往往需要对某些对象进行精确定位，这时就要用到标尺、网格、辅助线这3种辅助工具。本节将对这3种工具的使用与设置进行介绍。

3.1.1　标尺

执行"视图"|"标尺"命令，或按Ctrl＋Alt＋Shift＋R组合键，打开标尺，如图3-1所示。舞台的左上角是标尺的零点，再次执行"视图"|"标尺"命令或按相应的组合键，可将其隐藏。

一般情况下，标尺的度量单位是像素，用户也可以根据使用习惯更改其度量单位。执行"修改"|"文档"命令，打开"文档设置"对话框，在"标尺单位"下拉列表框中选择相应的单位即可，如图3-2所示。

图 3-1

图 3-2

3.1.2　网格

执行"视图"|"网格"|"显示网格"命令，或按Ctrl＋'组合键，将显示网格，如图3-3所示。再次执行该命令，将隐藏网格。

图 3-3

执行"视图"|"网格"|"编辑网格"命令，或按Ctrl＋Alt＋G组合键，将打开如图3-4所示的"网格"对话框，可以对网格的颜色、间距和贴紧精确度等选项进行设置，以满足不同用户的需求。若选中"紧贴至网格"复选框，则可以沿着水平和垂直网格线紧贴网格绘制图形，即

使在网格不可见时，同样可以紧贴网格线绘制图形。

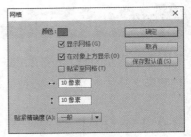

图 3-4

3.1.3　辅助线

　　使用辅助线之前，需要先将标尺显示出来。执行"视图"|"辅助线"|"显示辅助线"命令，或按Ctrl＋；组合键，显示或隐藏辅助线。在水平标尺或垂直标尺上按住鼠标左键并向舞台拖曳，将显示水平辅助线或垂直辅助线，如图3-5所示。

　　执行"视图"|"辅助线"|"编辑辅助线"命令，打开如图3-6所示的"辅助线"对话框，可以对辅助线进行修改编辑，如调整辅助线颜色、锁定辅助线和贴紧至辅助线等。若执行"视图"|"辅助线"|"清除辅助线"命令，则可以从当前场景中删除所有辅助线。

图 3-5

图 3-6

　　使用辅助线可以对舞台中的对象进行位置规划，对各个对象的对齐和排列情况进行检查，还可以提供自动吸附功能。

3.2　基本绘图工具

　　随着Flash的不断升级，它的绘图功能越来越强大，操作也更加便捷。下面将对Flash中绘图工具的特点与使用方法进行介绍。

3.2.1　线条工具

　　线条工具 是专门用于绘制直线的工具，选择工具箱中的线条工具，在舞台中单击鼠标左键并拖曳，当直线达到所需的长度和斜度时，释放鼠标即可。使用线条工具可以绘制出各种直线图形，并且可以选择直线的样式、粗细和颜色，如图3-7所示。

选择线条工具后，在"属性"面板中可以设置其属性，如图3-8所示。

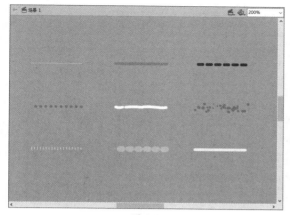

图 3-7

图 3-8

线条工具的"属性"面板中，各主要选项的含义如下。

- 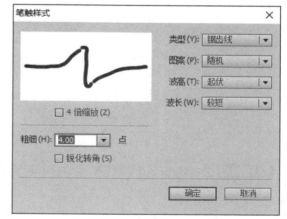：用于设置所绘线段的颜色。
- **笔触**：用于设置线段的粗细。
- **样式**：用于设置线段的样式。
- **"编辑笔触样式"按钮**：单击该按钮，打开如图3-9所示的"笔触样式"对话框，可以对线条的粗细、类型等进行设置。
- **缩放**：用于设置在Player中包含笔触缩放的类型。
- **提示**：选中该复选框，可以将笔触锚记点保持为全像素，防止出现模糊线。
- **端点**：用于设置线条端点的形状，包括"无""圆角"和"方形"。
- **接合**：用于设置线条之间接合的形状，包括"尖角""圆角"和"斜角"。

图 3-9

知识点拨 在绘制直线时，按住Shift键可以绘制水平线、垂直线和45° 斜线；按住Alt键，则可以绘制任意角度的直线。

3.2.2 钢笔工具

在Flash中，钢笔工具可以精确地绘制出平滑精致的直线和曲线。还可以通过调整线条上的节点改变已绘制完成的直线段和曲线段的样式，钢笔工具组如图3-10所示。

钢笔工具可以精确控制绘制的图形，包括绘制的节点、节点的方向点等，因此，钢笔工具适合喜欢精准设计的人员。图3-11所示为使用钢笔工具绘制的图形。

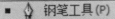

图 3-10 　　　　　　　　　　　　　　　图 3-11

1. 画直线

选择钢笔工具后，每次单击鼠标，都会产生一个锚点，并且同前一个锚点自动用直线连接，在绘制时若按住Shift键，则将线段约束为45°的倍数，如图3-12所示。

2. 画曲线

钢笔工具的最强功能在于绘制曲线。添加新的线段时，在某一位置按下鼠标左键后不要松开，拖曳鼠标，则新的锚点与前一锚点用曲线相连，并且显示控制曲率的切线控制点。图3-13所示为钢笔绘制的曲线形状。

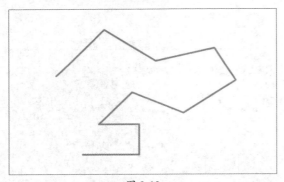

图 3-12 　　　　　　　　　　　　　　　图 3-13

> ✅**知识点拨** 将钢笔工具移至曲线起点，当指针变为钢笔右下方带小圆圈时单击鼠标，将闭合曲线，并填充默认的颜色。

3. 曲线点与角点转换

若要将转角点转换为曲线点，使用"部分选取工具"选择该点，然后按住Alt键拖曳该点来调整切线手柄；若要将曲线点转换为转角点，用钢笔工具单击该点即可。

4. 添加锚点

若要绘制更复杂的曲线，则需要在曲线上添加一些节点，这时就要用到添加锚点工具。首先在钢笔工具组中选择该工具，之后移动光标至要添加锚点的位置，光标右上方将出现一个加号标志，单击即可。

5. 删除锚点

删除锚点与添加锚点正好相反，选择删除锚点工具后，移动光标至要删除的节点，光标的下面将出现一个减号标志，单击即可。

6. 转换锚点

选择转换锚点工具，可以转换曲线上的锚点类型。当光标变为 ▷ 形状时，将光标移至曲线点上，单击，该锚点将转换为角点；将光标移至角点上，按住鼠标左键拖曳，角点将转换为曲线点。

3.2.3 铅笔工具

选择铅笔工具 ✐，在舞台上单击并按住鼠标左键拖曳绘制线条。如果想要绘制平滑或者伸直的线条，可以在工具箱下方的选项区域中为铅笔工具选择一种绘画模式，如图3-14所示。

铅笔工具的3种绘图模式的含义如下。

图 3-14

- **伸直** ↳：进行形状识别，如绘制出近似的正方形、圆、直线或曲线，Flash将根据它的判断调整成规则的几何形状。
- **平滑** S：可以绘制平滑曲线，在"属性"面板可以设置平滑参数。
- **墨水** ✎：可较随意地绘制各类线条，这种模式不对笔触进行任何修改。

3.2.4 矩形工具与椭圆工具

在Flash中，矩形工具组包括多种常见的几何图形绘制工具，例如矩形工具、椭圆工具、基本矩形工具、基本椭圆工具等。下面对这些工具进行详细介绍。

1. 矩形工具

矩形工具 ▢ 用于绘制长方形和正方形。选择工具箱中的矩形工具，或按R键切换至矩形工具。选择工具箱中的矩形工具，在舞台中单击并按住鼠标左键拖曳，到达合适位置时释放鼠标。在绘制矩形过程中，按住Shift键可以绘制正方形，图3-15所示分别为正方形、无填充的正方形和无边正方形。

图 3-15

2. 椭圆工具

椭圆工具 ⬭ 用于绘制椭圆或者圆形，选择工具箱中的椭圆工具，或按O键切换至椭圆工具，在舞台中单击并按住鼠标左键拖曳，当椭圆达到所需形状及大小时，释放鼠标即可完成椭圆绘制。在绘制椭圆之前或过程中，按住Shift键可以绘制正圆。图3-16所示分别为圆、无填充的圆和无边圆。

图 3-16

在椭圆工具的"属性"面板中，可以对椭圆工具的填充和笔触等进行设置。在"椭圆选项"区域中，还可以设置椭圆的开始角度、结束角度和内径等，如图3-17所示。

"椭圆选项"区域中各选项的含义如下。

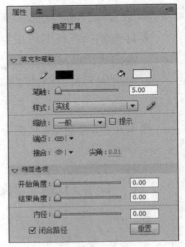

- **开始角度和结束角度：**用于绘制扇形以及其他有创意的图形。
- **内径：**参数值为0～99，为0时绘制的是填充的椭圆；为99时绘制的是只有轮廓的椭圆；为中间值时，绘制的是内径大小不同的圆环。
- **闭合路径：**确定图形与否闭合。
- **重置：**重置椭圆工具的所有控件，并将在舞台上绘制的椭圆形状恢复为原始大小和形状。

图 3-17

3. 基本矩形工具

基本矩形工具或基本椭圆工具和矩形工具或椭圆工具的作用是一样的，但是前者在创建形状时会将形状绘制为独立的对象。创建基本形状后，可以选择舞台上的形状，然后调整"属性"面板中的参数来更改半径和尺寸。

长按矩形工具组，在弹出的菜单中选择基本矩形工具▣，在舞台上拖曳光标，绘制基本矩形，此时绘制的矩形有四个节点，用户可以直接拖曳节点，或在"属性"面板的矩形选项中设置参数，改变矩形的边角，如图3-18所示。

图 3-18

⚠️**注意事项** 在使用基本矩形工具时，可以通过按↑键和↓键改变圆角的半径。

4. 基本椭圆工具

长按矩形工具组，在弹出的菜单中选择基本椭圆工具 ，在舞台上拖曳光标，绘制基本椭圆；按住Shift键并拖曳鼠标将绘制正圆。此时绘制的图形有节点，用户可以直接拖曳节点，或在"属性"面板的椭圆选项中设置参数来改变形状，如图3-19所示。

图 3-19

> **!注意事项** 基本矩形工具和基本椭圆工具创建的图形可以通过打散（选中后按Ctrl+B组合键）得到普通矩形和椭圆。

3.2.5 多角星形工具

长按矩形工具组，在弹出的菜单中选择多角星形工具 ◯，"属性"面板中将显示多角星形工具的相关属性，如图3-20所示。单击"选项"按钮，将打开如图3-21所示的"工具设置"对话框，在此可修改图形的形状。

在"工具设置"对话框中的"样式"下拉菜单中可选择多边形和星形，在"边数"文本框中输入数据确定形状

图 3-20

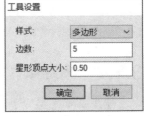
图 3-21

的边数。在选择星形样式时，可以通过改变"星形顶点大小"文本框中的数值来改变星形的形状，如图3-22所示。

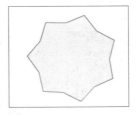

图 3-22

> **!注意事项** 星形顶点大小只针对星形样式，输入的数字越接近0，创建的顶点就越深。若是绘制多边形，则一般保持默认设置。

3.2.6 刷子工具

在工具箱中选择刷子工具 ✐，或者按B键切换至刷子工具，在"属性"面板可以设置该工具的参数，如图3-23所示。除了可以设置填充和笔触，还可以对绘制形状的平滑度进行设置。设

置完成后，在舞台上拖曳光标即可进行绘制。

在刷子工具的选项区中，包括"对象绘制" 、"锁定填充"、"刷子模式"、"刷子大小"和"刷子形状"5个功能按钮，如图3-24所示。

"刷子模式"下拉菜单中，各选项的作用如下。

- **标准绘画：** 使用该模式绘图，在笔刷经过的地方，线条和填充全部被笔刷填充所覆盖。
- **颜料填充：** 使用该模式只能对填充部分或空白区域填充颜色，不会影响对象的轮廓。
- **后面绘画：** 使用该模式可以在舞台上同一层中的空白区域填充颜色，不会影响对象的轮廓和填充部分。
- **颜料选择：** 必须要先选择一个对象，然后使用刷子工具在该对象所占有的范围内填充（选择的对象必须是打散后的对象）。
- **内部绘画：** 该模式分为3种状态。当刷子工具的起点和结束点都在对象的范围以外时，刷子工具填充空白区域；当起点和结束点有一个在对象的填充部分以内时，

图 3-23

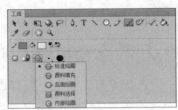

图 3-24

则填充刷子工具所经过的填充部分（不会对轮廓产生影响）；当刷子工具的起点和结束点都在对象的填充部分以内时，则填充刷子工具所经过的填充部分。

3.2.7　喷涂刷工具

喷涂刷工具类似于一个粒子喷射器，使用它可以将图案喷涂在舞台上。默认情况下，工具将使用当前选定的填充颜色来喷射粒子点。同时该工具也可以将按钮元件、影片剪辑以及图形元件作为图案应用。

在工具箱中选择喷涂刷工具后，"属性"面板中将显示该工具的属性，如图3-25所示。从中进行简单的设置后在舞台上单击，将喷涂图案，图3-26所示为喷涂飘雪效果。

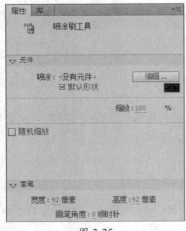

图 3-25

图 3-26

在"属性"面板中单击"编辑"按钮，将打开如图3-27所示的"选择元件"对话框，从中可以选择图形元件或影片剪辑作为喷涂刷粒子。当选中某个元件后，其名称将显示在"编辑"按钮左侧，如图3-28所示。

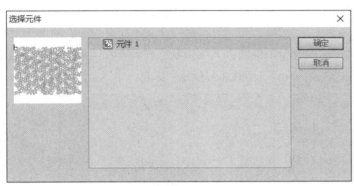

图 3-27

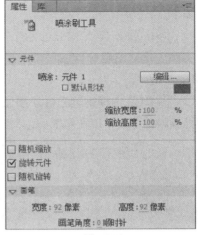

图 3-28

3.2.8　Deco工具

Deco工具是一个装饰性绘画工具，用于创建复杂的几何图案或高级动画效果。随着版本的升级，该工具有了很多改进，新增了很多应用效果。同时用户也可以使用图形或对象来创建更复杂的图案。

选择Deco绘画工具后，可以在如图3-29所示"属性"面板中选择并应用刷子效果，图3-30是使用Deco工具绘制的背景。

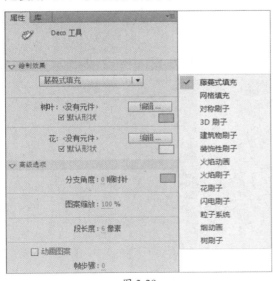

图 3-29

图 3-30

✅ **知识点拨**　绝大多数的Deco绘图效果支持元件替换填充元素的功能，该功能可以使用户用自己喜欢的元件图案来进行效果填充，否则系统将采用默认形状填充。

3.2.9 动手练：卡通人物设计

📖 **案例素材：** 本书实例/第3章/动手练/卡通人物设计

本案例以卡通人物的绘制为例，对钢笔工具、颜料桶工具等的应用进行介绍，具体操作如下。

步骤01 新建一个Flash文档，设置其舞台大小为425×575像素，以"卡通人物"为名称保存文件。将"图层1"重命名为"背景"。接着新建图层"脸"，使用椭圆工具绘制一个椭圆，如图3-31所示。

步骤02 选择钢笔工具，按住Ctrl键的同时单击椭圆进入编辑状态，调整锚点和控制柄。选择颜料桶工具，填充脸部颜色，并将其转换为元件，如图3-32所示。

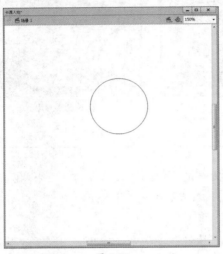

图 3-31　　　　　　　　　　图 3-32

步骤03 新建图层"刘海"，选择钢笔工具，设置笔触为1，颜色为黑色，绘制刘海并调整锚点位置，如图3-33所示。

步骤04 选择颜料桶工具，为刘海填充颜色，按F8键将其转化为元件，如图3-34所示。

图 3-33　　　　　　　　　　图 3-34

步骤 05 新建图层"头发",选择钢笔工具,设置笔触为1,颜色为黑色,绘制头发,效果如图3-35所示。

步骤 06 选择颜料桶工具,为头发填充颜色,并将其转化为元件,如图3-36所示。

图 3-35

图 3-36

步骤 07 在图层"脸"上方新建图层"眼",然后选择直线工具绘制眉毛。并使用颜料桶工具填充颜色(#626898),如图3-37所示。

步骤 08 选择钢笔工具,设置笔触为1,颜色为黑色,绘制眼睛,如图3-38所示。

图 3-37

图 3-38

步骤 09 选择颜料桶工具,为眼睛填充渐变颜色(#2B2D4A、#A1ABF0),如图3-39所示。

步骤 10 选择椭圆工具,绘制白色(#FFFFFF)、蓝色(#201D41)两个椭圆,并调整其位置,如图3-40所示。

图 3-39　　　　　　　　　　　　　　　　　　　　图 3-40

步骤 11 选中并复制左眼，将其向右移动至合适位置，可得到另外一只眼睛，如图3-41所示。

步骤 12 新建图层"鼻子"，选择直线工具，设置颜色为#D29372，绘制形状，将线条转换为填充，并调整其形状，如图3-42所示。

图 3-41　　　　　　　　　　　　　　　　　　　　图 3-42

步骤 13 新建图层"嘴"，选择直线工具，设置颜色为黑色，绘制如图3-43所示的图形。

步骤 14 在"背景"图层上方新建图层"下半身"，选择铅笔工具和直线工具，绘制下半身及配饰，并使用选择工具和转换锚点工具进行调整，如图3-44所示。

图 3-43

图 3-44

步骤15 选择颜料桶工具，对下半身填充不同的颜色，并设置其颜色效果，如图3-45所示。

步骤16 在"下半身"图层上方新建图层"剑"，选择直线工具绘制图形，并使用选择工具和转换锚点工具进行调整，如图3-46所示。

图 3-45

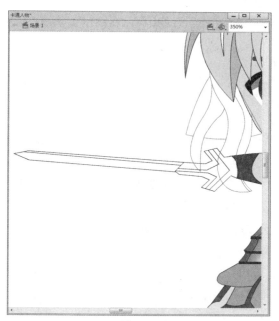

图 3-46

步骤17 选择颜料桶工具，为剑填充线性渐变颜色（#9E9E9E、#FFFFFF），如图3-47所示。

步骤18 在"背景"图层上导入背景图片，并对其进行调整，至此完成该动画人物的设计，最终效果如图3-48所示。

图 3-47

图 3-48

3.3 颜色填充工具

Flash中有多种填充颜色的工具，例如颜料桶工具、墨水瓶工具等。利用这些工具可以制作出丰富的填充效果。

3.3.1 颜料桶工具

颜料桶工具用于给工作区内有封闭区域的图形填色。无论是空白区域还是已有颜色的区域，都可以填充。如果进行恰当的设置，颜料桶工具还可以给一些没有完全封闭的图形区域填充颜色。

选择工具箱中的颜料桶工具或者按K键，可调用颜料桶工具。此时工具箱中的选项区中显示"锁定填充"按钮■和"空隙大小"按钮◙。若单击"锁定填充"按钮■，则当使用渐变填充或者位图填充时，可以将填充区域的颜色变化规律锁定，作为这一填充区域周围的色彩变化规范。

单击"空隙大小"按钮◙右下角的小三角形，在弹出的下拉菜单中可选择用于设置空隙大小的4种模式，如图3-49所示。其中各选项含义如下。

- **不封闭空隙**：执行该命令，只填充完全闭合的空隙。
- **封闭小空隙**：执行该命令，可填充具

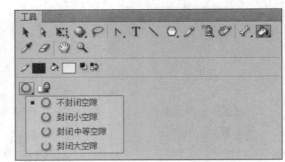

图 3-49

有小缺口的区域。

- **封闭中等空隙**：执行该命令，可填充具有中等缺口的区域。
- **封闭大空隙**：执行该命令，可填充具有较大缺口的区域。

3.3.2 墨水瓶工具

墨水瓶工具主要用于改变当前线条的颜色（不包括渐变和位图）、尺寸和线型等，或者为无线的填充增加线条。换句话说，墨水瓶工具用于为填充色描边，包括笔触颜色、笔触高度与笔触样式的设置。

选择工具箱中的墨水瓶工具或者按S键，可调用墨水瓶工具。墨水瓶工具只影响矢量图形。

1. 为填充色描边

选择墨水瓶工具，在"属性"面板中设置笔触参数，舞台中鼠标变成墨水瓶的样子，在需要描边的填充色上方单击，可为图形描边，图3-50、图3-51所示为描边前后的效果。

图 3-50   图 3-51

2. 为文字描边

选择墨水瓶工具，在"属性"面板中设置笔触参数，在打散（按Ctrl+B组合键）的文字上方单击，为文字描边，图3-52、图3-53所示为描边前后的效果。

图 3-52   图 3-53

3.3.3 滴管工具

滴管工具类似于格式刷工具，使用该工具可以从舞台中指定的位置拾取填充、位图、笔触等颜色属性，并应用于其他对象上。在将吸取的渐变色应用于其他图形时，必须先取消"锁定填充"按钮的选中状态，否则填充的将是单色。

选择工具箱中的滴管工具或按I键，可调用滴管工具。

1. 提取填充色属性

选取滴管工具，当光标靠近填充色时单击，即可获得所选填充色的属性，此时光标变成油漆桶的样子，单击另一个填充色，将改变这个填充色的属性。

2. 提取线条属性

选择滴管工具，当光标靠近线条时单击，即可获得所选线条的属性，此时光标变成墨水瓶的样子，单击另一个线条，将改变这个线条的属性。

3. 提取渐变填充色属性

选取滴管工具，在渐变填充色上方单击，提取渐变填充色，此时在另一个区域中单击可应用提取的渐变填充色。

4. 位图转换为填充色

滴管工具不但可以吸取位图中的某个颜色，而且可以将整幅图片作为元素填充到图形中，具体的操作方法如下。

步骤 01 选择图像，并按Ctrl+B组合键打散图像，选择滴管工具，将光标放在要复制其属性的区域，此时滴管工具旁边出现一个小刷子，如图3-54所示。

步骤 02 单击吸取填充样式，然后选择矩形工具，在舞台工作区中绘制矩形，此时填充的颜色便是刚才所采集的图像，如图3-55所示。

图 3-54

图 3-55

3.4 选择对象的工具

编辑图形之前需要先选择图形，Flash中提供了多种选择对象的工具。如"选择工具" 、"部分选取工具" 以及"套索工具" 等。下面对常用的选择工具进行介绍。

3.4.1 选择工具

"选择工具"是最常用的一种工具。当用户要选择单个或多个整体对象时，包括形状、组、文字、实例和位图等，可以使用"选择工具" 。选择工具箱中的"选择工具"或者按V键，可调用"选择工具"。

1. 选择单个对象

使用"选择工具"，在要选择的对象上单击即可。

2. 选择多个对象

先选取一个对象，然后按住Shift键不放，依次单击每个要选取的对象，如图3-56所示。或者在空白区域单击并按住鼠标左键拖曳出一个矩形范围，将要选择的对象包含在矩形范围内，如图3-57所示。

图 3-56   图 3-57

> **⊘注意事项** 如果在"首选参数"对话框中取消选中"使用Shift键连续选择"复选框，则可以依次单击每一个要选取的对象。

3. 双击选择图形

使用"选择工具"，在对象上双击可将其选中。若在线条上双击，则可以将颜色相同、粗细一致且连在一起的线条同时选中。

4. 取消选择对象

若单击工作区的空白区域，则取消对所有对象的选择；若需要在已经选择的多个对象中取消对某个对象的选择，则可以先按住Shift键，再单击该对象即可。

5. 移动对象

使用选择工具指向已经选择的对象时，光标变为▶╬形状，按下鼠标左键并拖曳，可移动该对象。

6. 修改形状

"选择工具"可以修改对象的外框线条，在修改外框线条之前必须取消该对象的选择。将光标移至两条线的交角处，当光标变为▶∟形状时，按住鼠标左键拖曳，则可以拉伸线的交点。如果将光标移至线条附近，当光标变为▶⌒形状时，按住鼠标左键拖曳，则可以将线条牵引变形。

3.4.2 部分选取工具

"部分选取工具"▶用于选择矢量图形上的节点。例如，当要选择对象的节点，并对节点进行拖曳或调整路径方向时，就可以使用部分选取工具 。

选择工具箱中的"部分选取工具" 或者按A键，可调用"部分选取工具"。在使用"部分选取工具"时，不同的情况下光标的形状也不同。

- 当光标移到某个节点上时，光标变为 形状，这时按住鼠标左键并拖曳可以改变该节点的位置。
- 当光标移到没有节点的曲线上时，光标变为 形状，这时按住鼠标左键并拖曳可以移动整个图形的位置。
- 当光标移到节点的调节柄上时，光标变为 形状，按住鼠标左键并拖曳可以调整与该节点相连的线段的弯曲程度。

用"部分选取工具"选择对象后，将显示该对象的节点，以便选择线条、移动线条，编辑锚点以及方向锚点等。

3.4.3 套索工具

"套索工具"主要用于选取不规则的物体。选择"套索工具"后，按住鼠标左键并拖曳，画出要选择的范围，释放鼠标后Flash会自动选取套索工具圈定的封闭区域。若线条没有封闭，Flash将用直线连接起点和终点，自动闭合曲线，如图3-58所示。

图 3-58

选择"套索工具" 后，在工具栏下方会出现三个按钮，分别是"魔术棒"按钮 、"魔术棒设置"按钮 和"多边形模式"按钮 ，如图3-59所示。

- **"魔术棒"按钮** ：该按钮主要用于对位图进行操作。该按钮不但可以用于沿对象轮廓进行较大范围的选取，还可对色彩范围进行选取。
- **"魔术棒设置"按钮** ：该按钮主要对魔术棒选取的色彩范围进行设置。单击该按钮，可打开如图3-60所示的"魔术棒设置"对话框。其中，"阈值"用于定义选取范围内的颜色与单击处像素颜色的相近程度，数值和容差的范围成正比，"平滑"用于指定选取范围边缘的平滑度，包括

图 3-59

像素、粗略、一般和平滑。

- **"多边形模式"按钮**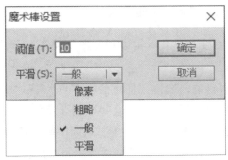：该按钮主要
用于对不规则图形进行比较精确的选
取。单击该按钮，套索工具进入多边
形模式，每次单击会确定一个端点，
最后在起始处双击，形成一个多边形，
即选择的范围。

图 3-60

3.5 编辑图形对象

在Flash中，通过绘图工具绘制的图形有时并不能满足用户的需求，往往需要用到各种编辑
工具对图形进行编辑修改，以使图形更完美，例如变形、旋转图形等。对图形进行变形操作，
可以调整图形在设计区中的比例，或者协调其与设计区中其他元素的关系。

3.5.1 扭曲对象

"任意变形工具"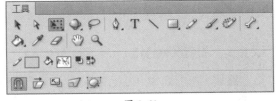是功能强大的编辑工具，可以用来对图形进行倾斜、翻转、扭曲等操

作。选择"任意变形工具"后，在工具箱下方
会出现5个按钮，分别是"紧贴至对象"按钮
、"旋转与倾斜"按钮、"缩放"按钮、
"扭曲"按钮、"封套"按钮，如图3-61
所示。

图 3-61

"扭曲工具"可以对图形进行扭曲变形，
增强图形的透视效果。选择"任意变形工具"，单击"扭曲"按钮，当光标变为形状时，
拖曳边框上的角控制点或边控制点即可移动角或边，如图3-62所示。

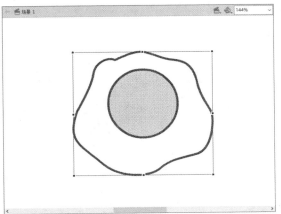
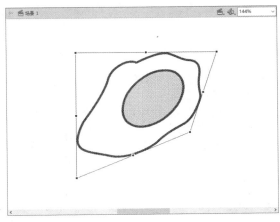

图 3-62

✅**知识点拨** 拖曳角控制点时，若按住Shift键，光标变为形状时，可对对象进行锥化处理；若按住Ctrl键拖曳边
的中点，则可以任意移动整个边。"扭曲变形工具"只对在场景中绘制的图形有效，对位图和元件无效。

3.5.2 封套对象

"封套变形工具"可以对图形进行任意形状的修改，弥补"扭曲变形工具"在某些局部无法达到的变形效果。

选中对象，选择"任意变形工具" 🔳，并单击"封套"按钮 🔘，在对象的四周会显示若干控制点和切线手柄，拖曳这些控制点及切线手柄，即可对对象进行任意形状的修改。"封套变形工具"相当于图形"封"在控制框里面，更改封套的形状会影响内部对象的形状。用户可以通过调整封套的点和切线手柄来编辑封套形状，如图3-63、图3-64所示。

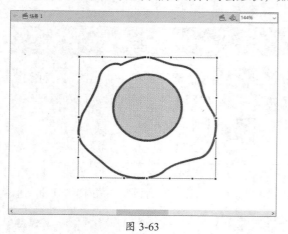

图 3-63　　　　　　　　　　　　　　　　图 3-64

3.5.3 缩放对象

"缩放工具"可以在垂直或水平方向上缩放对象，还可以在垂直和水平方向上同时缩放。选中要缩放的对象，选择工具面板中的"任意变形工具" 🔳，单击"缩放"按钮 🔳，对象四周会显示控制点，拖曳对象某条边上的中点可将对象进行垂直或水平的缩放，拖曳某个角点，可以使对象按对角线进行缩放，如图3-65、图3-66所示。

图 3-65　　　　　　　　　　　　　　　　图 3-66

⚠注意事项 在拖曳某个角点的同时按住Shift键，可以等比例缩放对象。

3.5.4 旋转与倾斜对象

"旋转与倾斜工具"可以对对象进行旋转和倾斜操作。选中对象，选择"任意变形工具" ，单击"旋转与倾斜"按钮 ，对象四周会显示控制点，当光标移至任意一个角点上，光标变为 形状时，拖曳鼠标可对选中的对象进行旋转，如图3-67所示。当光标移至任意一边的中点上时，光标变为 或 形状时，拖曳鼠标可对选中的对象进行垂直或水平方向的倾斜，如图3-68所示。

图 3-67   图 3-68

3.5.5 翻转对象

使用Flash制作图像时，用户可以通过菜单命令，使所选对象进行垂直或水平翻转，而不改变对象在舞台上的相对位置。

选择需要翻转的图形对象，执行"修改"|"变形"|"水平翻转"命令，可将图形进行水平翻转。执行"修改"|"变形"|"垂直翻转"命令，可将图形进行垂直翻转，图3-69所示为原图、将原图进行了水平翻转与垂直翻转的效果。

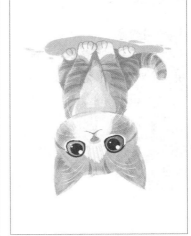

图 3-69

3.5.6　合并对象

在绘制矢量图形时，可以进行"对象绘制"。即使用"椭圆工具""矩形工具"和"刷子工具"绘图时，单击"对象绘制"按钮 🔘，就可以在工作区中进行对象绘制。在Flash中，可执行"修改"|"合并对象"菜单中的"联合""交集""打孔"等子命令，合并或改变现有对象来创建新形状。一般情况下，所选对象的堆叠顺序决定了操作的工作方式。

1. 联合对象

执行"修改"|"合并对象"|"联合"命令，可以将两个或多个形状合成一个对象绘制图形，图3-70所示为联合前后的效果。

图 3-70

2. 交集对象

执行"修改"|"合并对象"|"交集"命令，可以将两个或多个形状重合的部分创建为新形状，生成的形状使用堆叠中最上面的形状填充和笔触，如图3-71所示。

3. 打孔对象

执行"修改"|"合并对象"|"打孔"命令，可以删除所选对象的某些部分，这些部分由所选对象的重叠部分决定，如图3-72所示。

> ✅**知识点拨** 打孔命令将删除由最上面形状覆盖的形状的任何部分，并全部删除最上面的形状。

4. 裁切对象

裁切命令与交集命令的效果比较相似，执行"修改"|"合并对象"|"裁切"命令，可以使用一个对象的形状裁切另一个对象，由上面的对象定义裁切区域的形状，如图3-73所示。

图 3-71　　　　　　　　　图 3-72　　　　　　　　　图 3-73

> ❗**注意事项** 交集命令与裁切命令比较类似，区别在于交集命令是保留上面的图形，裁切命令是保留下面的图形。

5. 删除封套

如果使用封套工具将绘制的图形变形，执行"修改"|"合并对象"|"删除封套"命令，可以将图形中使用的封套删除。需要注意的是，此选项只适用于对象绘制模式。

3.5.7　组合和分离对象

在制作Flash动画过程中，如果对多个元素进行移动或者变形等操作，可以将其进行组合，这样可以节省编辑时间。

1. 组合对象

组合就是将图形块或部分图形组成一个独立的单元，使其与其他的图形内容互不干扰，以便于绘制或进行再编辑。

图形在组合后成为一个独立的整体，可以在舞台上任意拖曳，其中的图形内容及周围的图形内容不会发生改变。组合后的图形可以与其他图形或组合再次组合，从而得到一个复杂的多层组合图形。同时，一个组成中可以包含多个组合及多层次的组合。

执行"修改"|"组合"命令或按Ctrl+G组合键，可将选择的对象进行组合，图3-74所示为组合前后的效果。

图 3-74

如果需要对组中的单个对象进行编辑，可以通过"取消组合"命令或者按Ctrl+Shift+G组合键，将组对象进行解组。除此之外，还可以在对象上双击，进入该组的编辑状态。

2. 分离对象

分离命令与组合命令的作用正好相反。它可以将已有的整体图形分离为可进行编辑的矢量图形，使用户可以对其再进行编辑。在制作变形动画时，需用分离命令将图形的组合、图像、文字或组件转变成图形。

执行"修改"|"分离"命令或按Ctrl+B组合键，将分离选择的对象，图3-75所示为元件分离前后的效果。

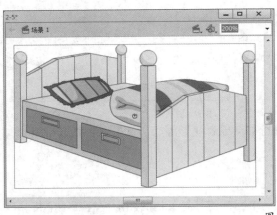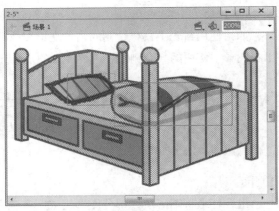

图 3-75

> **⊘ 注意事项** 分离命令与取消组合命令不同，取消组合命令可以将组合的对象分开，并将组合的元素返回到组合之前的状态。但不会分离位图、实例或文字，以及将文字转换成轮廓。

3.5.8 排列和对齐对象

在制作动画的过程中，将影片中的图形整齐排列、均匀分布，可以使画面的整体效果更加美观。下面具体介绍如何使用排列和对齐命令对图形对象进行排列、对齐或层叠。

1. 排列对象

在同一图层中，Flash对象按照创建的先后顺序，分别位于不同的层次，最新创建的对象在最上面。但用户可以在任何时候更改对象的层叠顺序。

执行"修改" | "排列"命令，在弹出的菜单中执行子命令，将按照命令调整所选图形的排列顺序。需要强调的是，画出来的线条和形状总是在组和元件的下面，如果需要将它们移动到上面，就必须进行组合或者将其变成元件。

> **⊘ 注意事项** 图层也会影响层叠顺序，上层的任何内容都在底层的所有内容之前。要更改图层的顺序，可以在时间轴中将层的名称拖曳到需要的位置。

2. 对齐对象

在移动多个图形的位置时，执行"修改" | "对齐"命令菜单中的子命令，调整所选图形的相对位置关系，可将杂乱分布的图形整齐排列在舞台中。

在进行对齐和分布操作时，用户还可以通过"对齐"面板进行设置，执行"窗口" | "对齐"命令或者按Ctrl+K组合键，将打开"对齐"面板。

选取图形后，单击面板中对应的功能按钮，完成对图形位置的相应调整。对齐工具不仅能够完成对齐，还可以对对象的间隔进行平均分布，使对象任意地进行对齐排列。

3.5.9 动手练：童话世界小场景

📖 **案例素材**：本书实例/第3章/动手练/童话世界小场景

本案例将以"童话世界小场景"的制作为例，介绍图层和帧的应用，具体操作如下。

步骤 **01** 打开素材文档，将"图层1"重命名为"背景"，将图形元件背景拖入舞台，并在第55帧插入普通帧，如图3-76所示。

步骤 **02** 新建图层"飞絮"，将库中的影片剪辑元件"飞絮"拖入舞台左侧，如图3-77所示。

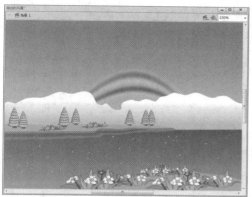

图 3-76

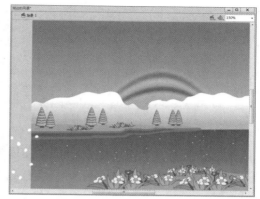

图 3-77

步骤 **03** 新建图形元件"屋"，选择直线工具，在编辑区中绘制一个小屋，并为其填充颜色（可根据自己的喜好随意填充），如图3-78所示。

步骤 **04** 新建图形元件"风车"，选择直线工具，在编辑区中绘制一个风车，并分别为其填充深灰色和浅灰色，如图3-79所示。

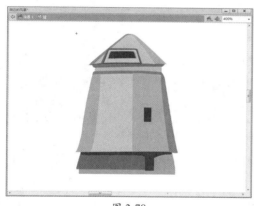

图 3-78

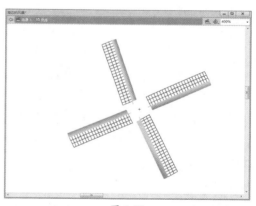

图 3-79

步骤 **05** 新建影片剪辑元件"风车转动"，接着分别拖入元件屋、风车，在第45帧处插入关键帧，将元件风车旋转360°，创建传统补间动画，如图3-80所示。

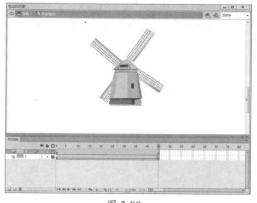

图 3-80

步骤 06 返回场景1，新建2个图层，重命名为"风车1""风车2"，将影片剪辑元件"风车转动"拖入2个图层中，调整位置及大小，如图3-81所示。

图 3-81

步骤 07 新建影片剪辑元件"光线"，使用矩形工具绘制光线，并使用颜料桶工具为图形填充线性渐变色，如图3-82所示。

步骤 08 在第20、45、60帧处插入关键帧，在第20帧处使用任意变形工具旋转并拉长图形，在第40帧处将图形放大，然后在第1～20、第20～45、第45～60帧创建补间形状动画，如图3-83所示。

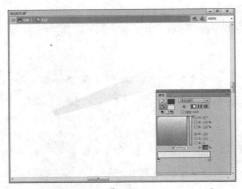
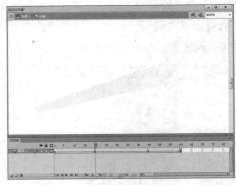

图 3-82　　　　　　　　　　　　　　图 3-83

步骤 09 新建影片剪辑元件"阳光"，将元件"光线"拖入编辑区域，并调整其位置及大小，如图3-84所示。

步骤 10 新建影片剪辑元件"阳光转"，将影片剪辑元件"阳光"拖入编辑区，在第250帧处插入关键帧。在第1帧处创建传统补间动画，设置补间缓动为1，旋转为逆时针，如图3-85所示。

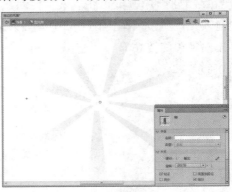

图 3-84　　　　　　　　　　　　　　图 3-85

步骤 11 返回场景1，新建图层"阳光"，将影片剪辑元件"阳光转"拖入舞台，并调整其位置及大小，如图3-86所示。

步骤 12 新建图层"太阳"，将元件"太阳"拖入舞台，并调整其位置及大小，如图3-87所示。

图 3-86 　　　　　　　　　　　　　　　　　图 3-87

步骤 13 新建图层"热气球"，将图形元件"热气球"拖入舞台，并根据需要调整其位置及大小，如图3-88所示。

步骤 14 在第35、55帧处插入关键帧，在第35帧将热气球移动到舞台区域内，在第55帧将热气球移出舞台上方，然后在第1～35、第35～55帧创建传统补间动画，如图3-89所示。

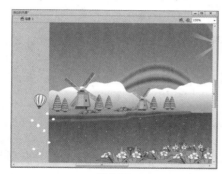

图 3-88 　　　　　　　　　　　　　　　　　图 3-89

步骤 15 新建动作图层，在第55帧处插入空白关键帧，按F9打开其动作面板，并输入形影的控制脚本，如图3-90所示。

步骤 16 新建图层"音乐"，将库中音乐素材拖入舞台中，保存并按Ctrl+Enter组合键测试动画效果，如图3-91所示。

图 3-90 　　　　　　　　　　　　　　　　　图 3-91

3.6 修饰图形对象

对绘制好的图形进行修饰是非常有必要的，例如改变原图形的形状、线条等，以及将多个图形组合起来，以达到最佳的表现效果。

3.6.1 优化曲线

优化功能通过改进曲线和填充的轮廓，减少用于定义这些元素的曲线数量来平滑曲线，还可以减小Flash文件的大小。

选中要优化的图形，执行"修改"｜"形状"｜"优化"命令，打开"优化曲线"对话框，如图3-92所示。从中进行相应的设置并单击"确定"按钮。在随后打开的对话框中单击"确定"按钮，如图3-93所示。

图 3-92

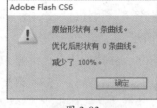
图 3-93

> ✅ **知识点拨** 在优化曲线对话框中，各参数的含义如下。
> ● **优化强度**：在数值框中输入数值可设置优化强度。
> ● **显示总计消息**：勾选该复选框，在完成优化操作时，将弹出如图3-93所示的提示对话框。

3.6.2 将线条转换为填充

线条的粗细是固定的，不随缩放而变化。"将线条转换为填充"命令，可以将矢量线条转换为填充色块。这在创建一些特殊效果（例如以渐变色填充线条或擦除线条的一部分）时是必要的，可使动画中的线条更活泼，避免传统动画线条粗细一致的现象，但同时会使文件变大。

选中线条对象，执行"修改"｜"形状"｜"将线条转换为填充"命令，将外边线转换为填充色块。此时，使用选择工具，将光标移至线条附近，按住鼠标左键并拖曳，可以将转化为填充的线条拉伸变形，如图3-94所示。

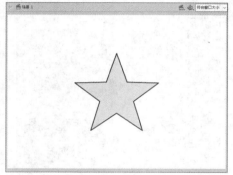
图 3-94

3.6.3 扩展填充

执行"修改"|"形状"|"扩展填充"命令，打开"扩展填充"对话框，如图3-95所示。在该对话框中设置图形扩展填充的距离和方向，可以对所选图形的外形进行修改。该对话框中各参数的作用如下。

图 3-95

- **扩展**：以图形的轮廓为界，向外扩展、放大填充。
- **插入**：以图形的轮廓为界，向内收紧、缩小填充。

3.6.4 柔化填充边缘

"柔化填充边缘"命令与"扩展填充"命令相似，都是对图形的轮廓进行放大或缩小填充。不同的是"柔化填充边缘"命令可以在填充边缘时产生多个逐渐透明的图形层，形成边缘柔化的效果，例如制作雪花、月光等效果。

执行"修改"|"形状"|"柔化填充边缘"命令，打开"柔化填充边缘"对话框，如图3-96所示。该对话框中各参数的作用如下。

- **距离**：边缘柔化的范围，值越大，则柔化越宽，以像素为单位。
- **步长数**：柔化边缘生成的渐变层数。步长数越多，效果越平滑。
- **方向**：选择边缘柔化的方向，选择"扩展"单选按钮，则向外扩大柔化边缘；选择"插入"单选按钮，则向内缩小柔化边缘。图3-97、图3-98所示分别为向外柔化填充边缘与向内柔化填充边缘的效果。

图 3-97

图 3-98

3.7 综合实战：动画场景设计

📗 **案例素材**：本书实例/第3章/案例实战/动画场景设计

本案例将以动画场景的设计为例，介绍图形的绘制与编辑，具体操作如下。

步骤01 新建一个Flash文档，设置其舞台大小为550×400像素，然后以"动画场景"为名进行保存。将"图层1"重命名为"天空"，如图3-99所示。

步骤 02 选择矩形工具，绘制一个与舞台同样大小的矩形，然后使用颜料桶工具，为矩形填充渐变颜色，渐变颜色分别是#97d4fd、#d4f7f1，如图3-100所示。

 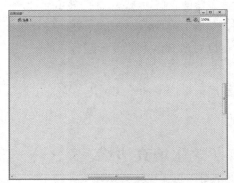

图 3-99　　　　　　　　　　　图 3-100

步骤 03 新建图层，命名为"云"，选择铅笔工具，绘制云朵形状，设置填充色为白色，并用淡蓝色（#DAF1FE）适当填充云朵的边缘部分，如图3-101所示。

步骤 04 选中"云"，执行"插入"|"新建元件"命令，将图形转换成影片剪辑元件，打开影片剪辑"属性"面板，添加模糊滤镜，效果如图3-102所示。

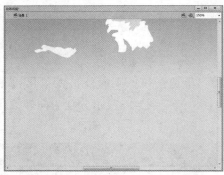 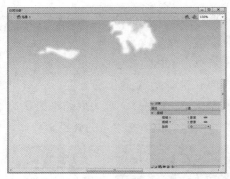

图 3-101　　　　　　　　　　　图 3-102

步骤 05 新建图层"山"，执行"插入"|"新建元件"命令，新建影片剪辑元件，在影片剪辑编辑状态下，使用铅笔工具绘制如图3-103所示的图形。

步骤 06 返回场景1，将元件"山"拖入舞台中的合适位置，并为其添加模糊滤镜，效果如图3-104所示。

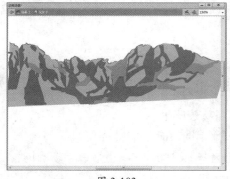 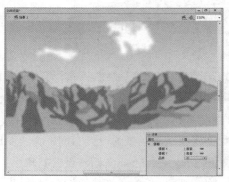

图 3-103　　　　　　　　　　　图 3-104

步骤 07 新建图层"土地"，新建图形元件，在元件编辑状态下，使用铅笔工具绘制如图3-105所示的图形。

步骤 08 返回场景1，将元件"土地"拖入舞台中的合适位置，如图3-106所示。

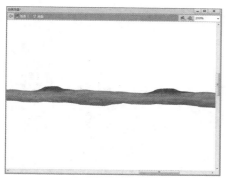

图 3-105

图 3-106

步骤 09 新建图层"草地"，新建图形元件，在元件编辑状态下，使用铅笔工具绘制如图3-107所示的图形。

步骤 10 返回场景1，将元件"草地"拖入舞台中的合适位置，如图3-108所示。

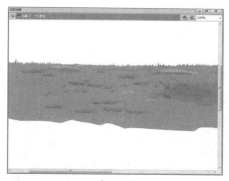

图 3-107

图 3-108

步骤 11 在图层"山"上方新建图层"草丛"，将库面板中的元件"草丛1""草丛2"拖入舞台，并调整其大小及位置，如图3-109所示。

步骤 12 在图层"草地"上方新建图层"树"。接着新建图形元件"树"，在元件编辑状态下，使用铅笔工具绘制如图3-110所示的图形。

图 3-109

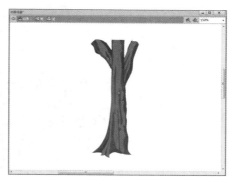

图 3-110

步骤 13 将库面板中的元件"树叶""藤"拖入树元件中，并调整其位置及大小，如图3-111所示。

步骤 14 返回场景1，将元件"树"拖入舞台右侧位置，如图3-112所示。

图 3-111

图 3-112

步骤 15 新建图层"草"，接着新建图形元件，在元件编辑状态下，使用铅笔工具，绘制如图3-113所示的图形。

步骤 16 返回场景1，将元件"草"拖入舞台，复制草图层，然后调整图层中草的位置和大小，如图3-114所示。

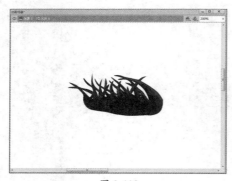

图 3-113

图 3-114

步骤 17 新建图层，将库面板中的元件"大蘑菇""小蘑菇""兰花"拖入舞台，并分别调整其位置和大小。至此，完成该动画场景的设计，最终效果如图3-115所示。

图 3-115

3.8 课后练习

1. 填空题

（1）在制作动画时，需要对某些对象进行精确定位时，可以使用_____、_____辅助线辅助工具。

（2）钢笔工具主要用于绘制常见复杂的曲线条。除此之外，还可以进行_____、_____将节点转化到角点以及删除节点等。

（3）利用滴管工具，可以从舞台中指定的位置拾取_____、_____笔触等的颜色属性而应用于其他对象上。

（4）优化功能通过改进曲线和填充的轮廓，减少用于定义这些元素的_____来平滑曲线。

2. 选择题

（1）显示标尺的方法是（　　）。

A. 执行"插入"|"标尺"命令 　　　　　　B. 执行"视图"|"标尺"命令

C. 执行"编辑"|"标尺"命令 　　　　　　D. 执行"窗口"|"标尺"命令

（2）若使用铅笔工具绘制平滑的线条，应该选择（　　）模式。

A. 伸直 　　　　　B. 平滑 　　　　　C. 墨水 　　　　　D. 对象绘制

（3）（　　）工具可以对图形进行变形操作。

A. 选择工具 　　　　B. 任意变形工具 　　　C. 橡皮擦工具 　　　D. 部分选取工具

（4）要从一个比较复杂的图像中选取不规则的一小部分图形，应该使用（　　）。

A. 选择工具 　　　　B. 套索工具 　　　　C. 滴管工具 　　　　D. 颜料桶

3. 操作题

综合使用Flash工具箱中的工具，绘制如图3-116所示的图形。

操作提示：

步骤 **01** 使用矩形工具、颜料桶工具绘制背景。

步骤 **02** 使用钢笔工具绘制水草。

步骤 **03** 使用钢笔工笔绘制鱼图形。

步骤 **04** 利用颜料桶工具为鱼填充颜色。

图 3-116

Flash

第4章
基础动画的创建

在Flash中，元件是存放在库中、可重复使用的图形、按钮或动画，使用元件可使编辑动画变得更简单。将元件拖入舞台中就可以生成一个实例，合理利用元件、库和实例可提高动画的制作效率。本章对元件、库及基础动画的创建与编辑操作进行详细介绍。

要点难点

- 了解元件的类型、用途并熟悉创建方法
- 熟悉库面板的使用
- 掌握实例的设置操作
- 掌握滤镜的应用技巧
- 掌握简单动画的创建方法

4.1 元件

元件是构成Flash动画的主体，是动画中可以反复使用的一个小部件，在影片中发挥着极其重要的作用。动画通常由多个元件组成，通过使用元件可以大大提高动画的创作效率。

4.1.1 元件的类型

元件是构成动画的基本元素，是可以反复使用的图形、按钮或者动画。简单来说，元件只需要创建一次，即可在整个文档中重复使用。元件中的小动画可以独立于主动画进行播放，每个元件可由多个独立的元素组合而成。

在制作Flash影片的过程中，可以通过多次复制某个对象来达到创作的目的；这样每个复制的对象具有独立的文件信息，相应地整个影片的容量也会加大。但如果将对象制作成元件后加以应用，Flash就会反复调用同一个对象，这样不会影响影片的容量。

根据功能和内容的不同，元件可分为3种类型，分别是图形元件、影片剪辑元件和按钮元件，如图4-1所示。

图 4-1

1. 图形元件

图形元件用于制作动画中的静态图形，是制作动画的基本元素之一，它也可以是影片剪辑元件或场景的一个组成部分，但是没有交互性，不能为图形元件添加声音，也不能为图形元件的实例添加脚本动作。图形元件应用到场景中时，会受到帧序列和交互设置的影响，图形元件与主时间轴同步运行。

2. 影片剪辑元件

使用影片剪辑元件可以创建可重复使用的动画片段，拥有独立的时间轴，能独立于主动画进行播放。影片剪辑是主动画的一个组成部分，可以将影片剪辑看作主时间轴内的嵌套时间轴，包含交互式控件、声音以及其他影片剪辑实例。

3. 按钮元件

按钮元件是一种特殊的元件，具有一定的交互性，主要用于创建动画的交互控制按钮。按钮元件具有"弹起""指针经过""按下""点击"四个不同的状态帧，如图4-2所示。用户可以分别在按钮的不同状态帧上创建不同的内容，既可以是静止图形，也可以是影

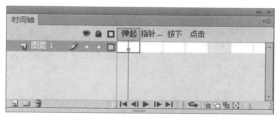

图 4-2

片剪辑，而且可以给按钮添加时间的交互动作，使按钮具有交互功能。

按钮元件对应时间轴上各帧的含义如下。

- **弹起**：表示光标没有经过按钮时的状态。
- **指针经过**：表示光标经过按钮时的状态。
- **按下**：表示单击按钮时的状态。

- **点击：** 用来定义可以响应鼠标事件的最大区域。如果这一帧没有图形，鼠标的响应区域则由指针经过和弹出两帧的图形来定义。

4.1.2 创建元件

在Flash中，创建元件可以通过两种途径，一种是将舞台上的对象转换成元件，另一种是直接创建一个空白的元件，然后在元件编辑模式下制作或导入内容，可以是图形、按钮以及动画等。创建元件的具体操作步骤如下。

步骤 01 执行"插入"|"新建元件"命令或按Ctrl＋F8组合键。

步骤 02 打开"创建新元件"对话框，选择元件类型，单击"确定"按钮即可，如图4-3所示。

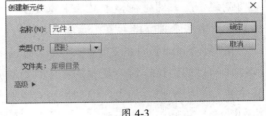

图 4-3

除此之外，创建空白元件还有以下方法。

- 在"库"面板的空白处右击，在弹出的快捷菜单中执行"新建元件"命令。
- 单击"库"面板右上角的面板菜单按钮▼▇，在弹出的下拉菜单中执行"新建元件"命令。
- 单击"库"面板底部的"新建元件"按钮▣。

"创建新元件"对话框中各主要选项的含义如下。

- **名称：** 用于设置元件的名称。
- **类型：** 用于设置元件的类型，包含"图形""按钮"和"影片剪辑"3个选项。
- **文件夹：** 在"库根目录"上单击，打开"移至文件夹..."对话框（图4-4），用户可以将元件放置在新建文件夹中，也可以将元件放置在现有文件夹中或库根目录中。
- **高级：** 单击该按钮，可将该面板展开，从中对元件进行高级设置，如图4-5所示。

图 4-4

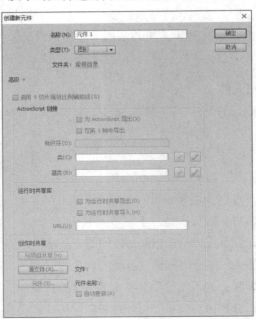

图 4-5

4.1.3 转换元件

在制作动画过程中，若需要将舞台上的对象转化为元件，可按照如下操作进行转换。

步骤01 选中对象，执行"修改"|"转换为元件"命令或者按F8键。

步骤02 打开"转换为元件"对话框，选择元件类型，单击"确定"按钮即可，如图4-6所示。

图 4-6

除此之外，还有以下方法可将对象转化为元件。

● 在选择的对象上右击，在弹出的快捷菜单中执行"转换为元件"命令。

● 直接将选择的对象拖曳至"库"面板中。

4.1.4 编辑元件

当对元件进行编辑时，舞台上所有该对象的实例都会发生相应的变化。在Flash中，可以通过在当前位置、在新窗口中、在元件的编辑模式下对元件进行编辑。下面进行具体介绍。

1. 在当前位置编辑元件

在Flash中，在当前位置编辑元件的方法主要有以下3种。

● 在舞台上双击要进入编辑状态元件的一个实例。

● 在舞台上选择元件的一个实例，右击，在弹出的快捷菜单中执行"在当前位置编辑"命令。

● 在舞台上选择要进入编辑状态元件的一个实例，然后执行"编辑"|"在当前位置编辑"命令。

在当前位置编辑元件时，其他对象以灰显方式出现，从而将它们和正在编辑的元件区分开。正在编辑的元件的名称显示在舞台顶部的编辑栏内，位于当前场景名称的右侧，如图4-7、图4-8所示。

图 4-7

图 4-8

2. 在新窗口中编辑元件

若舞台中对象较多、颜色也比较复杂，在当前位置编辑元件不方便，也可以在新窗口中进行编辑。在舞台上选择要编辑的元件并右击，在弹出的快捷菜单中执行"在新窗口中编辑"命令，如图4-9所示。

　　然后进入在新窗口中编辑元件的模式，正在编辑的元件的名称会显示在舞台顶部的编辑栏内，且位于当前场景名称的右侧，如图4-10所示。

图 4-9

图 4-10

注意事项 如需退出"在新窗口中编辑元件"模式并返回文档编辑模式，可直接单击右上角的关闭按钮关闭新窗口。

3. 在元件的编辑模式下编辑元件

　　在Flash中，若要在元件的编辑模式下编辑元件，可使用以下4种方法。

- 在"库"面板中双击要编辑元件名称左侧的图标。
- 按Ctrl＋E组合键。
- 选择要进入编辑模式的元件所对应的实例并右击，在弹出的快捷菜单中执行"编辑"命令，如图4-11所示。
- 选择要进入编辑模式的元件所对应的实例，执行"编辑"|"编辑元件"命令。
- 使用该编辑模式，可将窗口从舞台视图更改为只显示该元件的单独视图来进行编辑。当前所编辑的元件名称会显示在舞台上方的编辑栏内，位于当前场景名称的右侧，如图4-12所示。

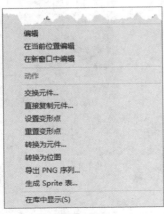
图 4-11

图 4-12

4.2 库

　　"库"面板就是一个影片的仓库,所有元件都会被自动载入当前影片的"库"面板中,使用时从该面板中直接调用即可。另外,还可以从其他影片的"库"面板中调用元件。本节对库的各种操作进行详细介绍。

4.2.1 "库"面板概述

　　"库"面板用于存储和组织在Flash中创建的各种元件和导入的文件(包括矢量插图、位图图形、声音文件和视频剪辑)。库还包含已添加到文档的所有组件,组件在库中显示为编译剪辑。用户可以在Flash应用程序中创建永久的库,只要启动Flash就可以使用这些库。

　　新建Flash文档时,"库"面板是空的,随着用户不断地将图片、声音等资源导入到库中,"库"面板中的内容会不断增加。执行"窗口"|"库"命令,或按Ctrl+L组合键,即可打开"库"面板,如图4-13所示。"库"面板中各组成部分的功能如下。

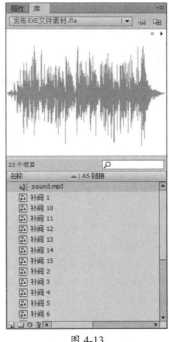

图 4-13

- ●**"预览"窗口**:用于显示所选对象的内容。
- ●**"选项"按钮** :单击该按钮,弹出"库"面板中的各种操作选项。
- ● 、 **按钮**:单击该按钮,可以调整各元件的排列顺序。
- ●**"新建库面板"按钮** :单击该按钮,可以新建"库"面板。
- ●**"新建元件"按钮** :单击该按钮,弹出"创建新元件"对话框,用于新建元件。
- ●**"新建文件夹"按钮** :用于新建文件夹。
- ●**"属性"按钮** :用于打开相应的元件属性对话框。
- ●**"删除"按钮** :用于删除元件或文件夹。

4.2.2 重命名库元素

　　在制作动画时,"库"面板中包含很多库项目,为了更好地管理库项目,用户可以为库项目重命名。重命名的方法有以下3种。

- ● 双击项目名称。
- ● 在"库"面板的 菜单中执行"重命名"命令。
- ● 选择项目并右击,在弹出的快捷菜单中执行"重命名"命令。

　　执行以上任意一种方法,进入编辑状态后,在文本框中输入新名称,按Enter键或在其他空白区单击即可。

4.2.3　调用库元素

在Flash中，除了用户自创的库元件外，还包含公用库。公用库是Flash自带的一个素材库，包括很多现成的按钮和类，用户可以直接将它们调用到动画中，节省工作时间。

除此之外，如果某些对象需要被反复应用于不同的影片中，用户还可以根据需要创建公用库，然后与创建的任何文档一起使用。公用库共分为两种，分别是按钮库和类库。下面对公用库进行具体介绍。

1. 按钮库

执行"窗口"｜"公用库"｜"buttons"命令，打开按钮库，如图4-14所示，该库提供各式各样的按钮标本。用户可以根据需要在按钮库中选择合适的按钮添加到文档中。

2. 类库

执行"窗口"｜"公用库"｜Classes命令，打开类库，如图4-15所示。在该库中共有3个元件，分别是DataBindingClasses、UtilsClasses和WebServiceClasses。

图 4-14　　　　　　　　　　　　　图 4-15

4.2.4　应用并共享库资源

使用共享库资源，可以将一个影片"库"面板中的资源共享，供其他影片使用，同时合理地组织影片中的每个元素，减少影片的开发周期。

1. 复制库资源

在文档之间复制库资源，可以使用多种方法将库从源文档复制到目标文档中。在制作动画时，用户还可以将元件作为共享库资源在文档之间共享。

（1）通过复制和粘贴复制库资源。

在舞台上选择资源，然后执行"编辑"｜"复制"命令。若要将资源粘贴到舞台中心位置，将光标放在舞台上并执行"编辑"｜"粘贴到中心位置"命令，如图4-16所示。这样资源就会被粘贴到舞台的中心，如图4-17所示。若要将资源放置在与源文档中相同的位置，选择"编辑"｜"粘贴到当前位置"即可。

图 4-16

图 4-17

（2）通过拖曳复制库资源。

在目标文档打开的情况下，在源文档的"库"面板中选择该资源，并将其拖入目标文档的"库"面板中。

（3）通过在目标文档中打开源文档库来复制库资源。

当目标文档处于活动状态时，执行"文件"|"导入"|"打开外部库"命令，选择源文档并单击"打开"按钮，即可将源文档导入到目标文档的"库"面板中。

2. 实时共享库中的资源

对于运行时共享资源，源文档的资源是以外部文件的形式链接到目标文档中的。运行时资源在文档回放期间（即在运行时）加载到目标文档中。在创作目标文档时，包含共享资源的源文档并不需要在本地网络上。为了让共享资源在运行时可供目标文档使用，源文档必须发布到URL上。

使用运行时共享库资源需要执行以下操作。

（1）设计者在源文档中定义共享资源，并输入该资源的标识符字符串和源文档将要发布到的URL（仅HTTP或HTTPS）。

（2）用户在目标文档中定义一个共享资源，并输入一个与源文档的共享资源相同的标识符字符串和URL。用户还可以把共享资源从发布的源文档中拖到目标文档库中。在"发布"设置中设置的ActionScript版本必须与源文档中的版本匹配。

> **！注意事项** 源文档必须发布到指定的URL，使共享资源可供目标文档使用。

3. 在创作时共享库中的资源

对于创作期间的共享资源，可以用本地网络上任何其他可用元件来更新或替换正在创作的文档中的任何元件。在创建文档时更新目标文档中的元件，目标文档中的元件保留了原始名称和属性，但其内容会被更新或替换为所选元件的内容。选定元件使用的所有资源也会被复制到目标文档中。在Flash中，替换或更新元件的具体步骤如下。

打开文档，选择影片剪辑、按钮或图形元件，然后从"库"面板菜单中执行"属性"命令，打开"元件属性"对话框，单击"高级"按钮选项。在"创作时共享"选区中单击"源文件"按钮，选择要替换的FLA文件，勾选"自动更新"复选框，然后单击"确定"按钮，如

图4-18所示。

4. 解决库资源之间的冲突

将一个库资源导入或复制到已经含有同名的不同资源的文档中时，可以选择是否用新项目替换现有项目。将库资源导入或复制到文档中时出现"解决库冲突"对话框（图4-19），在该对话框中可执行以下操作。

- 若要保留目标文档中的现有资源，选择"不替换现有项目"单选按钮。
- 若要用同名的新项目替换现有资源及实例，选择"替换现有项目"单选按钮。
- 若选择"将重复的项目放置到文件夹中"单选按钮，则可以保留目标文档中的现有资源，同名的新项目将被放置在重复项目文件夹中。

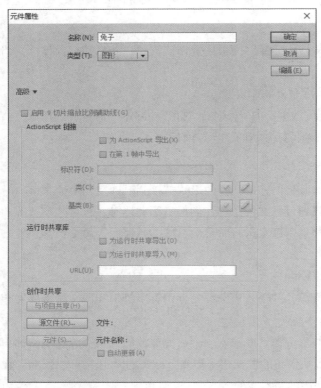

图 4-18

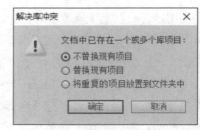

图 4-19

4.3 实例

用户创建元件后，可以将元件拖入舞台中，元件一旦从库中拖到舞台或者其他元件中，就变为实例。简单来说，在场景或者元件中的元件被称为实例，实例是元件的具体应用。

4.3.1 创建实例

每个实例都有自己的属性，用户可以利用属性面板设置实例的色彩、图形显示模式等信息，以及重新设置元件的类型。也可以对实例进行变形，例如倾斜、旋转或缩放等，修改特征只会显示在当前所选的实例上，对元件和场景中的其他实例没有影响。

创建实例的方法很简单，只需在"库"面板中选择元件，然后按住鼠标左键不放，将其直接拖曳至场景后释放鼠标即可，如图4-20所示。

图 4-20

❶注意事项 多帧的影片剪辑元件和多帧的图形元件创建实例时，在舞台中影片剪辑设置一个关键帧即可，而图形元件则需要设置与该元件完全相同的帧数，动画才能完整播放。

4.3.2 复制实例

在制作动画的过程中，有时需要重复使用实例，对于已经创建好的实例，用户可以直接在舞台上复制实例。具体的操作步骤如下。

选择要复制的实例，按住Ctrl键或Alt键的同时拖曳实例，此时光标右下角显示一个"＋"标识，将目标实例对象拖曳到目标位置，释放鼠标即可复制选择的目标实例对象，如图4-21所示。

图 4-21

4.3.3 设置实例的色彩

每个元件实例都可以有自己的色彩效果。利用"属性"面板，可以设置实例的颜色和透明度等。选择实例，在"属性"面板的"色彩效果"栏中的"样式"下拉列表中选择相应的选项，如图4-22所示。

若要进行渐变颜色更改，可应用补间动画。在实例的开始

图 4-22

关键帧和结束关键帧中设置不同的色彩效果，然后创建传统补间动画，让实例的颜色随着时间逐渐变化。

在"样式"下拉列表中包含5个选项，各选项的含义分别如下。

● **无**：选择该选项，不设置颜色效果。

● **亮度**：用于设置实例的明暗对比度，度量范围从黑（-100%）到白（100%）。选择亮度选项，拖曳右侧的滑块，或者在文本框中直接输入数值，可设置对象的亮度属性。

● **色调**：用于设置实例的颜色。单击"颜色"色块，然后从颜色面板中选择一种颜色，或者在文本框中输入红、绿、蓝3种颜色的值，可以改变实例的色调。若要设置色调百分比从透明（0%）到完全饱和（100%），可使用"属性"面板中的色调滑块。

● **高级**：用于设置实例的红、绿、蓝和透明度的值。选择高级选项，左侧的控件可以使用户按指定的百分比降低颜色或透明度的值；右侧的控件可以使用户按常数值降低或增大颜色或透明度的值。

● **Alpha**：用于设置实例的透明度，调节范围从透明（0%）到完全饱和（100%）。如果要调整Alpha值，选择Alpha选项并拖曳滑块，或者在框中输入一个值即可。

4.3.4　改变实例的类型

在制作Flash动画时，实例的类型是可以相互转换的，可以通过改变实例的类型来重新定义其在Flash应用程序中的行为。

在"属性"面板中，可以在图形、按钮和影片剪辑3种类型间进行转换，如图4-23所示。例如，一个图形实例包含独立于主时间轴播放的动画，可以将该图形实例重新定义为影片剪辑实例。当改变实例的类型后，"属性"面板中的参数也将进行相应的变化。

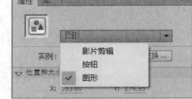

图 4-23

4.3.5　分离实例

若要断开实例与元件之间的链接，并把实例放入未组合形状和线条的集合中，可以分离该实例。

选中要分离的实例，执行"修改"|"分离"命令或者按Ctrl+B组合键可将实例分离，分离实例前后的对比效果如图4-24所示。分离实例之后修改其源元件，该实例不会随之更新。

图 4-24

> **注意事项** 分离实例仅仅分离实例本身，不会影响其他元件。

4.3.6 查看实例信息

在Flash中，"属性"面板和"信息"面板用于显示在舞台上选定实例的相关信息，创建Flash文档过程中，在处理同一元件的多个实例时，识别舞台上元件的特定实例比较复杂，此时可以使用"属性"面板或者"信息"面板进行识别。

在"属性"面板中，用户可以查看实例的行为和设置，如图4-25所示。对于所有实例类型，均可以查看其色彩效果设置、位置和大小。

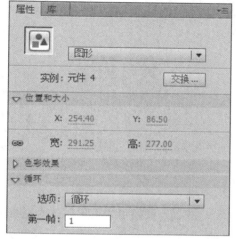

图 4-25

4.4 使用滤镜功能

滤镜是一种对对象的像素进行处理以生成特定效果的方法。例如，应用模糊滤镜，使对象的边缘显得柔和。滤镜只能对文本、影片剪辑、按钮增添有趣的视觉效果。

4.4.1 滤镜的基本操作

在Flash中，用户可以在"属性"面板的"滤镜"栏中为对象添加滤镜。在舞台上选择要添加滤镜的对象，在"属性"面板中展开"滤镜"栏，在面板底部单击"添加滤镜"按钮，在弹出的快捷菜单中选择一种滤镜（图4-26），然后设置相应的参数即可，如图4-27所示。

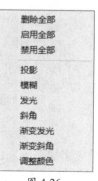

图 4-26

图 4-27

4.4.2 设置滤镜效果

使用滤镜可以制作出许多特殊效果，包括投影、模糊、发光、斜角、渐变发光、渐变斜角和调整颜色等效果。下面对它们进行具体介绍。

1. 投影

"投影"滤镜用于模拟对象投影到一个表面的效果，使其具有立体感。在投影选项中，可以对投影的模糊值、强度、品质、角度、距离等参数进行设置，形成不同的视觉效果，图4-28所示为添加投影前后的效果。

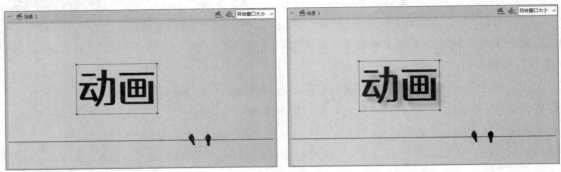

图 4-28

2. 模糊

"模糊"滤镜可以柔化对象的边缘和细节，使对象具有运动的感觉。在滤镜区域中，单击面板底部的"添加滤镜"按钮🔳，在弹出的快捷菜单中选择"模糊"选项即可。

3. 发光

"发光"滤镜可以使对象的边缘产生光线投射效果，为对象的整个边缘应用颜色，既可以使对象的内部发光，也可以使对象的外部发光，如图4-29所示。在发光选项中，可以对模糊、强度、品质等参数进行设置。

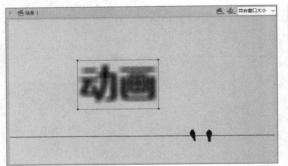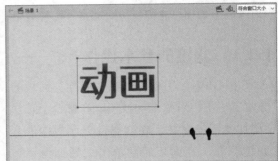

图 4-29

4. 斜角

应用"斜角"就是为对象应用加亮效果，使其看起来凸出于背景表面，使对象产生立体的浮雕效果，还可以创建内斜角、外斜角和全部斜角。在斜角选项中，可以对模糊、强度、品质、阴影、角度、距离以及类型等参数进行设置。

✅**知识点拨** 将对象的阴影色与加亮色设置得对比非常强烈，则其浮雕效果更加明显。

5. 渐变发光

应用"渐变发光"可以在对象表面产生带渐变颜色的发光效果，如图4-30所示。渐变发光要求渐变开始处颜色的Alpha值为0，用户可以改变其颜色，但是不能移动其位置。渐变发光和发光的主要区别在于发光的颜色，且渐变发光滤镜效果可以添加多种颜色。

图 4-30

6. 渐变斜角

渐变斜角滤镜效果与斜角滤镜效果相似，使编辑对象表面产生一种凸起效果。但是斜角滤镜效果只能够更改其阴影色和加亮色两种颜色，而渐变斜角滤镜效果可以添加多种颜色，如图4-31所示。渐变斜角中间颜色的Alpha值为0，用户可以改变其颜色，但是不能移动其位置。

7. 调整颜色

使用调整颜色滤镜可以改变对象的各颜色属性，主要包括对象的亮度、对比度、饱和度和色相属性，如图4-32所示。

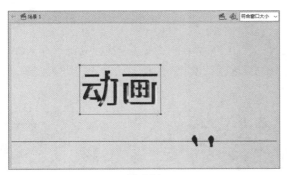

图 4-31　　　　　　　　　　　　　　　　图 4-32

4.5 创建基础动画

制作传统动画需要画出许多不同的图像画面，当快速播放时，由于人的眼睛产生视觉暂留，所以感觉画面动了起来。如果要一幅一幅地画出来，很费时间。利用Flash应用程序，制作简单的基础动画可以只制作两幅关键的画面（起始画面和终止画面），然后通过补间动画功能自动生成其余画面。

Flash基本动画大致可分为逐帧动画和补间动画两种类型，其中补间动画又可以分为形状补间动画和传统补间动画。

4.5.1 创建逐帧动画

逐帧动画主要由若干关键帧组成，整个动画就是通过关键帧的不断变化产生的。在制作动画时，设计者需要对每一帧的内容进行绘制，因此工作量较大，但产生的动画效果非常逼真，多用来制作复杂动画，因此逐帧动画对设计者的绘图技巧有较高的要求。

逐帧动画在每一帧中都会更改舞台内容，它最适合图像在每一帧中都在变化，而不仅是在舞台上移动的复杂动画。逐帧动画增加文件大小的速度比补间动画快得多。在逐帧动画中，Flash会存储每个完整帧的值。

1. 逐帧动画的特点

逐帧动画通过一帧帧的绘制，并按先后顺序排列在时间轴上，通过顺序播放达到动画效果，适合制作相邻关键帧中对象变化不大的动画。

逐帧动画具有如下特点。

● 逐帧动画会占用较大的内存，因此文件很大。

● 逐帧动画由许多单个的关键帧组合而成，每个关键帧均可独立编辑，且相邻关键帧中的对象变化不大。

● 逐帧动画具有非常大的灵活性，几乎可以表达任何形式的动画。

● 逐帧动画分解的帧越多，动作就越流畅；适合制作特别复杂及注重细节的动画。

● 逐帧动画中的每一帧都是关键帧，每个帧的内容都要进行手动编辑，工作量很大，这也是传统动画的制作方式。

2. 导入逐帧动画

在Flash中，用户可以通过导入JPEG、PNG、GIF等格式的图像创建逐帧动画。导入GIF格式的位图与导入同一序列的JPEG格式的位图类似，将GIF格式的图像导入舞台，将在舞台直接生成动画，如图4-33所示。

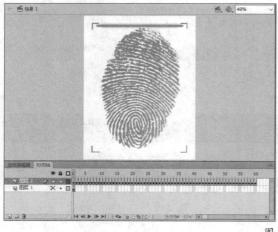

图 4-33

3. 制作逐帧动画

制作逐帧动画主要是在制作动画时创建逐帧动画中每一帧的内容，这项工作是在Flash内部完成的。绘制逐帧动画主要有以下方法。

● **绘制矢量逐帧动画：** 用绘图工具在场景中画出每一帧的内容，如图4-34所示。

图 4-34

● **文字逐帧动画**：使用文字作为帧中的元件，实现文字跳跃、旋转等特效，如图4-35所示。

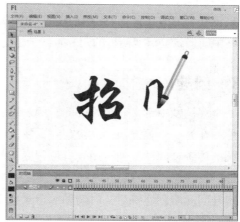

图 4-35

● **指令逐帧动画**：在时间轴面板上，逐帧写入动作脚本语句来完成元件的变化。

4.5.2 创建形状补间动画

在一个关键帧中绘制一个形状，然后在另一个关键帧中更改该形状，Flash根据二者之间帧的值或形状创建的动画称为形状补间动画。形状补间动画适用于图形对象，通过形状补间可以创建类似于变形的动画效果，还可以使形状的位置、大小和颜色进行渐变。形状补间动画通常用于形状和颜色的补间变化。

形状补间动画可以实现两个图形之间颜色、大小、形状和位置的相互变化，其变化的灵活性介于逐帧动画和动作补间动画之间。对于形状补间动画，要为一个关键帧中的形状指定属性，然后在后续关键帧中修改形状或者绘制另一个形状。形状补间动画创建好之后，时间轴的背景色变为淡绿色，在起始帧和结束帧之间有一个长箭头，如图4-36所示。

> ⚠️**注意事项** 如果要使用图形元件、按钮、文字，则先打散才能创建形状补间动画。

在Flash中，选择图层中形状补间中的帧，在"属性"面板的"补间"区中有两个设置形状补间属性的选项，如图4-37所示。这两个选项的具体功能如下。

图 4-36　　　　　　　　　　　　　　　　图 4-37

1. 缓动

该选项用于设置形状对象变化的快慢趋势，取值范围为-100～100。当值为0时，表示形状补间动画的形状变化是匀速的；当值小于0时，表示对象的形状变化越来越快，数值越小，加快的趋势越明显；当值大于0时，表示对象的形状变化越来越慢，数值越大，减慢的趋势越明显。

2. 混合

用于设置形状补间动画的变形形式。在该下拉列表框中包含"分布式"和"角形"两个选项，如果设置为"分布式"，表示创建的动画中间形状比较平滑；如果设置为"角形"，表示创建的动画中间形状会保留明显的角和直线，适合具有锐化角度和直线的混合形状。

4.5.3　创建传统补间动画

在一个关键帧中定义一个元件的实例、组合对象或文字块的大小、颜色、位置、透明度等属性，然后在另一个关键帧中改变这些属性，Flash根据二者之间的帧的值创建的动画称为传统补间动画。传统补间动画通常用于有位置变化的补间动画中。通过传统补间动画可以对矢量图形、元件以及其他导入的素材进行位置、大小、旋转、透明度等的调整。

传统补间动画创建好后，时间轴的背景色变为淡紫色，在起始帧和结束帧之间有一个长箭头，如图4-38所示。

在Flash中，选择图层中传统补间中的帧，在"属性"面板的"补间"区中有设置传统补间属性的选项，如图4-39所示，选项含义如下。

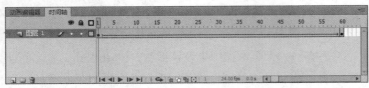

图 4-38　　　　　　　　　　　　　　　　图 4-39

- **缓动**：用于设置变形运动的加速或减速。0表示变形为匀速运动，负数表示变形为加速运动，正数表示变形为减速运动。
- **旋转**：用于设置对象渐变过程中是否旋转，以及旋转的方向和次数。
- **贴紧**：选择该复选框，能够使动画自动吸附到路径上移动。
- **同步**：选择该复选框，使图形元件的实例动画和主时间轴同步。
- **调整到路径**：用于引导层动画，选中该复选框，可以使对象紧贴路径移动。
- **缩放**：选中该复选框，可以改变对象的大小。

> **❶注意事项** 如果前后两个关键帧中的对象不是"元件",Flash会自动将前后两个关键帧中的对象转换为"补间1""补间2"两个元件。

4.5.4 使用动画预设

动画预设是预配置的补间动画,可以应用于舞台上的对象。使用预设可极大地节约项目设

计和开发的时间,特别是经常使用相似类型的补间时。选中对象,选择"动画预设"面板中的动画效果,单击"应用"按钮即可。

动画预设的功能就像一种动画模板,可以直接加载到元件上,每个动画预设都包含特定数量的帧。应用预设时,在时间轴中创建的补间范围将包含此数量的帧。如果目标对象已应用了不同长度的补间,补间范围将进行调整,以符合动画预设的长度,然后在应用预设后调整时间轴中补间范围的长度。

在Flash中,执行"窗口"|"动画预设"命令,打开"动画预设"面板。动画预设一共有30项动画效果,都放置在默认预设中。单击默认预设旁边的三角形按钮 ,即打开所有的动画预设,如图4-40所示。任选其中一个动画后,在预览窗口中会出现相应的动画效果。

图 4-40

每个对象只能应用一个预设。如果将第二个预设应用于相同的对象,则第二个预设将替换第一个预设。

在"动画预设"面板中删除或重命名某个预设,对以前使用该预设创建的所有补间没有任何影响。如果在面板中的现有预设上保存新预设,新预设对使用原始预设创建的任何补间没有影响。

用户可以创建并保存自己的自定义预设,也可以修改现有的动画预设,并另存为新的动画预设,则动画预设面板中的自定义预设文件夹中将显示新的动画预设效果。

保存自定义预设的方法为:选择需要另存为动画预设的时间轴中的补间范围,单击"动画预设"面板中的"将选区另存为预设"按钮 ,设置预设名称,新预设将显示在动画预设面板中。需要注意的是,动画预设只能包含补间动画,传统补间不能保存为动画预设。

4.5.5 动手练:行进中的汽车

📖 **案例素材:** 本书实例/第4章/动手练/行进中的汽车

本案例将以行进中的汽车动画为例介绍简单动画的制作,具体操作如下。

步骤01 打开素材文件,将"图层1"重名为"背景",接着绘制与舞台等大的矩形,并填充渐变色(#91D9F6、#F3EDED),最后将其转换为图形元件"天空",如图4-41所示。

步骤02 在第65帧处插入帧,选择刷子工具,设置填充颜色为白色,绘制形状,并转化为图形元件"云",如图4-42所示。

图 4-41　　　　　　　　　　　　　　　图 4-42

步骤 03 复制元件"云"，并根据需要调整其大小及位置，如图4-43所示。

步骤 04 选择矩形工具，设置填充颜色为#EAE0D6、#9A9790，绘制两个矩形，并转化成图形元件，如图4-44所示。

图 4-43　　　　　　　　　　　　　　　图 4-44

步骤 05 选择直线工具，绘制路沿石图形，然后选择颜料桶工具为其填充颜色，如图4-45所示。

步骤 06 选择直线工具，绘制绿化带图形，使用选择工具调整形状，然后使用颜料桶工具填充颜色（#7CAE73），如图4-46所示。

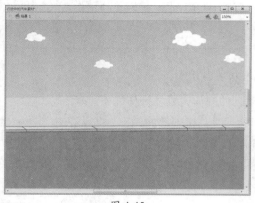
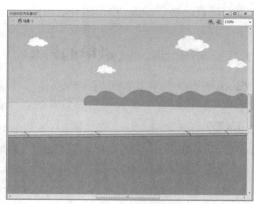

图 4-45　　　　　　　　　　　　　　　图 4-46

步骤 07 新建图形元件"楼",选择直线工具绘制楼房图形,然后使用颜料桶工具为其填充颜色(颜色可以自行设定),如图4-47所示。

步骤 08 使用相同的方法绘制其他楼房图形,如图4-48所示。

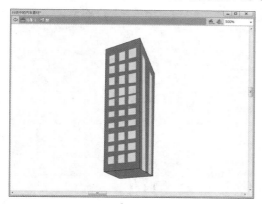

图 4-47

图 4-48

步骤 09 新建图形元件"门",选择直线工具,并绘制如图4-49所示的形状。

步骤 10 选择颜料桶工具,然后为绘制的门填充合适的颜色,如图4-50所示。

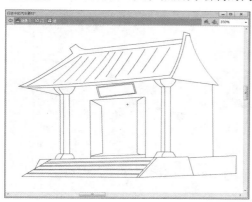

图 4-49

图 4-50

步骤 11 新建元件"花坛",选择直线工具,绘制形状并填充颜色,如图4-51所示。

步骤 12 选择铅笔工具,绘制如图4-52所示的形状,并为其填充恰当的颜色。

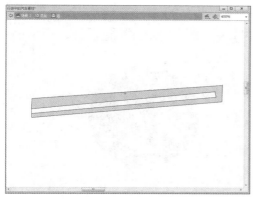

图 4-51

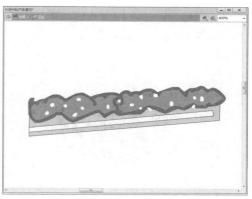

图 4-52

步骤 **13** 返回场景1，将"库"面板中的元件"楼""门""花坛""石狮""树"拖入舞台中，调整其位置与大小，如图4-53所示。

步骤 **14** 新建元件"轮子"，选择椭圆工具绘制圆形，选择直线工具绘制形状，如图4-54所示。

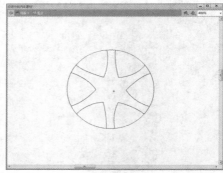

图 4-53　　　　　　　　　　　　　　　　图 4-54

步骤 **15** 选择颜料桶工具，设置渐变颜色，填充径向渐变，如图4-55所示。

步骤 **16** 选择椭圆工具，设置填充颜色分别为#333333、#000000，绘制两个圆形，如图4-56所示。

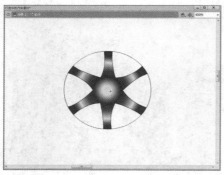
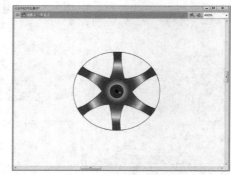

图 4-55　　　　　　　　　　　　　　　　图 4-56

步骤 **17** 新建元件"车轮"，选择椭圆工具，设置填充颜色，分别绘制两个圆形，并在"图层1"中第40帧处插入帧，如图4-57所示。

步骤 **18** 新建"图层2"，将库中的元件"轮子"拖入舞台中，调整位置及大小，并在第40帧处插入关键帧，如图4-58所示。

图 4-57　　　　　　　　　　　　　　　　图 4-58

步骤19 在第1～40帧创建传统补间动画，选择补间动画，在属性面板中设置旋转方向为顺时针，次数为2，如图4-59所示。

步骤20 新建元件"汽车"，选择直线工具，绘制形状，接着使用选择工具调整形状，结果如图4-60所示。

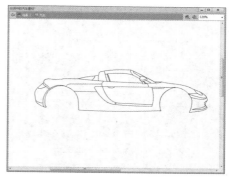

图 4-59 图 4-60

步骤21 选择颜料桶工具，设置填充颜色并填充图形，随后在"图层1"中的第4帧处插入帧，如图4-61所示。

步骤22 在"图层1"中的第3帧处插入关键帧，并将图形向上移动1个像素，如图4-62所示。

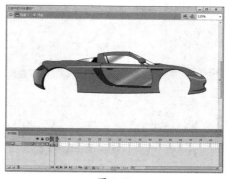

图 4-61 图 4-62

步骤23 新建元件"车动"，将元件"汽车"拖入舞台中，并在"图层1"中的第60帧处插入帧，如图4-63所示。

步骤24 在"图层1"下方新建"图层2"，将元件"车轮"拖入舞台合适位置，如图4-64所示。

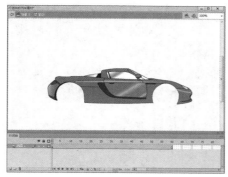

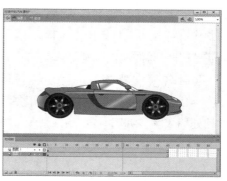

图 4-63 图 4-64

步骤25 返回场景1，在"背景"图层上新建"汽车"图层，并在第5帧处插入空白关键帧，将元件"车动"拖入场景左侧，如图4-65所示。

步骤26 在第65帧处插入关键帧，将元件"车动"移到场景右侧，在第5～65帧创建传统补间动画，如图4-66所示。

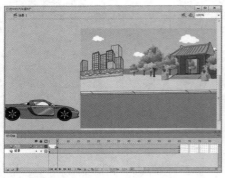

图 4-65   图 4-66

步骤27 新建"笛声"图层，将库中的音乐素材拖入舞台，最后按Ctrl+Enter组合键对该动画进行测试，如图4-67、图4-68所示。

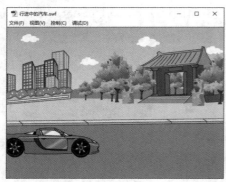

图 4-67   图 4-68

4.6 综合实战：碧波荡漾的池塘

📖 **案例素材：** *本书实例/第4章/案例实战/碧波荡漾的池塘*

本案例将以池塘动画的制作为例，对元件、实例及动画的制作进行介绍，具体操作过程如下。

步骤01 打开"碧波荡漾的池塘素材.fla"文件，将"图层1"重命名为"背景"，然后绘制径向渐变（#FFFFFF、#D5F3FE）矩形，并将其转化为元件，最后在第65帧处插入帧，如图4-69所示。

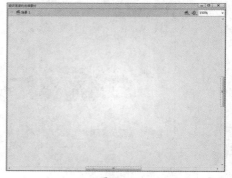

图 4-69

步骤02 新建图层"云"，选择刷子工具，设置填充颜色为白色，绘制形状，并转化为元件，如图4-70所示。

图 4-70

步骤03 新建图层"山"，选择铅笔工具，绘制山的形状并填充恰当的绿色，随后将其转化为元件，如图4-71所示。

步骤04 新建图层"岸边"，将库中的元件"岸"拖入舞台，然后根据需要调整其位置与大小，如图4-72所示。

图 4-71

图 4-72

步骤05 在图层"山"下面新建图层"水面"，选择矩形工具绘制水面，并为其填充线性渐变（#1DF0C3、#8DF1E7），最后将该矩形转化为元件，如图4-73所示。

步骤06 新建影片剪辑元件"倒影1"，选择铅笔工具，绘制如图4-74所示的形状。

图 4-73

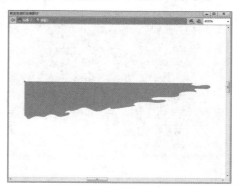

图 4-74

步骤07 新建图层"倒影"，将元件"倒影1"拖入舞台，添加模糊滤镜，如图4-75所示。

步骤08 使用相同的方法制作其他倒影，如图4-76所示。

图 4-75   图 4-76

步骤 09 新建影片剪辑元件"波纹"，返回场景1，复制图层"水面"、图层"倒影"上的关键帧，粘贴到影片剪辑元件"波纹"里，如图4-77所示。

步骤 10 新建遮罩图层，选择直线工具，绘制形状，使用选择工具调整形状，如图4-78所示。

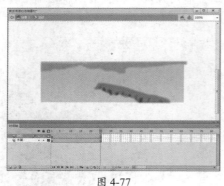

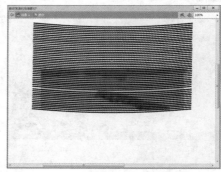

图 4-77   图 4-78

步骤 11 在遮罩图层的第25帧处插入关键帧，将形状向下移动，在第1～25帧创建传统补间动画，如图4-79所示。

步骤 12 选择遮罩图层并右击，在弹出的快捷菜单中执行"遮罩层"命令，为倒影和水面图层创建遮罩效果，如图4-80所示。

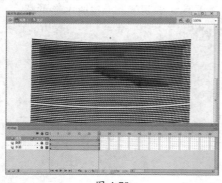

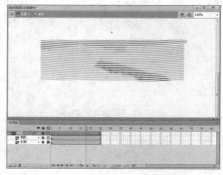

图 4-79   图 4-80

步骤 13 返回场景1，在图层"倒影"上方新建图层"水波"，将影片剪辑元件"波纹"拖入舞台中，并调整其位置，如图4-81所示。

步骤 14 新建元件"荷花动"，将库中的荷花拖入舞台，在第25帧处插入帧，如图4-82所示。

图 4-81

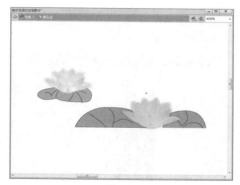

图 4-82

步骤 15 在第8、16、23帧处插入关键帧，并在第8、23帧处将荷花向下移动，然后在第1～8、8～16、16～23帧创建传统补间动画，如图4-83所示。

步骤 16 返回场景1，新建图层"荷花"，将元件"荷花动"拖入舞台中的合适位置，如图4-84所示。

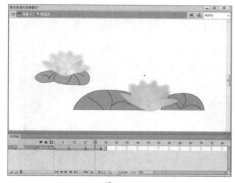

图 4-83

图 4-84

步骤 17 新建图层"鸟"，将库中的元件"飞鸟"拖入舞台中，放置在舞台的右侧，如图4-85所示。

步骤 18 在第65帧处插入关键帧，将飞鸟移动到舞台右侧，如图4-86所示，在第1～65帧创建传统补间动画。

图 4-85

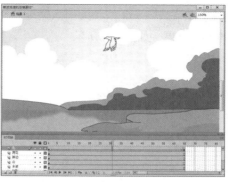

图 4-86

步骤 19 新建影片剪辑元件"树枝"，选择铅笔工具，绘制形状，填充颜色，如图4-87所示。

步骤 20 在第3、6、9、11帧处插入关键帧，使用选择工具，在关键帧处调整形状，制作风吹动树枝的动画，如图4-88所示。

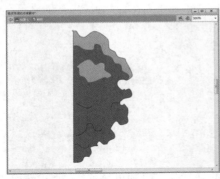
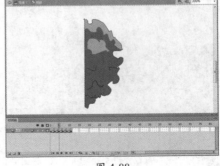

图 4-87 图 4-88

步骤 21 双击影片剪辑元件"树"，进入编辑状态，分别在图层"树叶""树叶1"的第3、6、9、11帧处插入关键帧，使用选择工具，在关键帧处调整形状，制作风吹动树枝的效果，如图4-89所示。

步骤 22 返回场景1，新建图层"树"，将影片剪辑元件"树""树枝"拖入舞台中的合适位置，如图4-90所示。

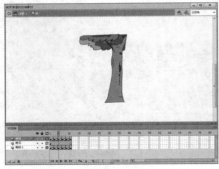

图 4-89 图 4-90

步骤 23 新建影片剪辑元件"草"，将库中的元件"小草"拖入舞台，按Ctrl+B组合键将其打散，如图4-91所示。

步骤 24 在第1、3、5、7帧处插入关键帧，使用选择工具，在关键帧处调整小草的形状，制作草动的动画效果，如图4-92所示。

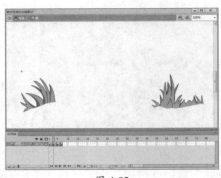

图 4-91 图 4-92

步骤25 返回场景1，新建图层"草"，将元件"草"拖入舞台中的合适位置，如图4-93所示。

步骤26 新建元件"花动"，将库中的元件"花"拖入舞台中，在第1、3、5、7帧处插入关键帧，在关键帧处调整花的位置，制作左右摇摆的动画效果，如图4-94所示。

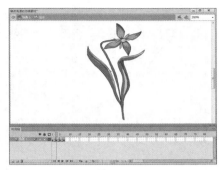

图 4-93   图 4-94

步骤27 返回场景1，在图层"草"下方新建图层"花"，将元件"花动"拖入舞台中，并调整其位置及大小，如图4-95所示。

步骤28 新建图层"蝴蝶"，将库中的元件"蝴蝶"拖入舞台右侧，在第1、65帧处插入关键帧，如图4-96所示。

图 4-95   图 4-96

步骤29 在第65帧关键帧处将蝴蝶移动到花上，在第1～65帧创建传统补间动画，如图4-97所示。

步骤30 新建图层"风"，在第10帧处插入空白关键帧，将库中的元件"风"拖入舞台中，调整位置，如图4-98所示。

图 4-97   图 4-98

步骤31 新建影片剪辑元件"树叶飘动"，在图层1的第7帧处插入空白关键帧，将库中的元件"树叶"拖入舞台中，在第45帧处插入关键帧，如图4-99所示。

步骤32 右击图层1，在弹出的快捷菜单中执行"添加传统运动引导层"命令，创建引导层，选择铅笔工具，在引导层中绘制形状，如图4-100所示。

图 4-99

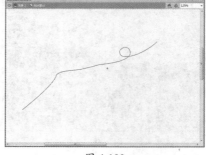

图 4-100

步骤33 选择图层1，在第7帧关键帧处将树叶移至形状右上端，在第45帧关键帧处将树叶移至形状左下端，并在第7~45帧创建传统补间动画，如图4-101所示。

步骤34 返回场景1，新建图层"树叶"，在第18帧处插入空白关键帧，将影片剪辑元件"树叶飘动"拖入舞台中，如图4-102所示。

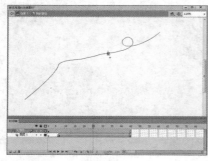

图 4-101

图 4-102

步骤35 新建图层AS，在第65帧处插入空白关键帧，打开动作面板，添加"stop();"动作脚本，如图4-103所示。

步骤36 新建图层"音乐"，将库中的音乐素材拖入舞台，按Ctrl+Enter组合键对该动画进行测试，如图4-104所示。

图 4-103

图 4-104

4.7 课后练习

1. 填空题

（1）_____是构成动画的基本元素，是可以反复取出使用的图形、按钮或者动画。

（2）根据功能和内容的不同，元件可分为3种类型，分别是_____、_____和按钮元件。

（3）滤镜只能对_____、影片剪辑、_____增添有趣的视觉效果。

（4）Flash基本动画可以分为两种类型：_____和补间动画。

（5）补间动画可以分为_____和_____。

2. 选择题

（1）以下关于使用元件优点的叙述，正确的是（　　　）。

A. 使用元件可以使发布文件的大小显著地缩减

B. 使用元件可以使电影的播放更加流畅

C. 使用元件可以使电影的编辑更加简单化

D. 以上均是

（2）在"信息"面板中，可以查看选定实例的（　　　）。

A. 位置和大小　　　　B. 名称和颜色　　　　C. 大小和类型　　　　D. 名称和位置

（3）创建补间动作动画后，打开"属性"面板，设置（　　　）选项可以实现匀减速或匀加速运动。

A. 缓动　　　　　　B. 旋转　　　　　　C. 调整到路径　　　　D. 对齐

（4）以下关于逐帧动画和补间动画的说法正确的是（　　　）。

A. 前者必须记录各帧的完整记录，而后者不用

B. 前者不必记录各帧的完整记录，而后者必须记录完整的各帧记录

C. 两种动画模式都必须记录完整的各帧信息

D. 以上说法均不对

3. 操作题

通过本章的学习，利用所学知识，制作一匹马奔跑的简单的小动画，如图4-105所示。

操作提示：

步骤 **01** 绘制背景图像。

步骤 **02** 为背景创建传统补间动画。

步骤 **03** 创建影片剪辑元件"马奔跑"的动画效果。

步骤 **04** 将"马奔跑"动画拖入舞台。

图 4-105

Flash

第5章
复杂动画的创建

在学习了基础动画的制作之后，接下来本章将介绍较复杂动画的制作，如遮罩动画、引导动画和骨骼动画。从制作原理上来说，它们都是由基础动画演变而来的。通过对本章内容的学习，用户能够了解并掌握复杂动画的制作原理与设计技巧，从而很好地应用到现实生活或工作中。

要点难点

- 熟悉遮罩动画的制作原理与设计方法
- 熟悉引导动画的制作原理与设计方法
- 熟悉骨骼动画的制作原理

5.1 引导动画

将一个或多个层链接到一个运动引导层，使一个或多个对象沿同一条路径运动的动画形式被称为"引导动画"。这种动画可以使一个或多个元件完成曲线或不规则运动。

5.1.1 引导动画的原理

引导动画是物体沿着一个设定的线段做运动，只要固定起始点和结束点，物体就可以沿着线段运动，这条线段就是所谓的引导线。

引导层和被引导层是制作引导动画的必需图层。引导层位于被引导层的上方，在引导层中绘制对象的运动路径，引导层是Flash中的一种特殊图层，在影片中起辅助作用，引导层不会导出，因此不会显示在发布的SWF文件中，而与之相连接的被引导层则沿着引导层中的路径运动。

引导层用于指示对象运行路径，必须是打散的图形。路径不要出现太多交叉点。被引导层中的对象必须依附在引导线上。简单来说，在动画的开始和结束帧上，让元件实例的变形中心点吸附到引导线上。

5.1.2 创建引导动画

创建引导动画必须具备两个条件：一是路径，二是在路径上运动的对象。一条路径上可以有多个运动对象，引导路径是静态线条，在播放动画时路径线条不会显示。

引导动画最基本的操作是使一个运动动画附着在引导线上，所以操作时特别要注意引导线的两端，被引导对象的起始点、终点的2个中心点一定要对准引导线的2个端头。

下面通过一个案例详细介绍创建引导动画的方法。

5.1.3 动手练：蝴蝶飞舞动画

📖 **案例素材：** *本书实例/第5章/动手练/蝴蝶飞舞动画*

本案例以蝴蝶飞舞动画的制作为例，介绍引导动画的制作，具体操作过程如下。

步骤 01 执行"文件"|"打开"命令，打开文档素材，如图5-1所示。

图 5-1

步骤 02 新建"图层2"，在新建图层上右击，在弹出的快捷菜单中执行"添加传统运动引导层"命令，创建引导层，如图5-2所示。

图 5-2

步骤 03 选择引导层图层，使用钢笔工具，在引导层上绘制一条曲线作为运动路径，如图5-3所示。

步骤 04 选择"图层2"，将库中的元件"蝴蝶"拖入舞台，将中心点与曲线的左端点对齐，作为运动起点，旋转蝴蝶，如图5-4所示。

图 5-3

图 5-4

步骤 05 在45帧处插入关键帧，选择第45帧对应的实例，将其与曲线的右端点对齐，作为运动的终点，旋转蝴蝶，如图5-5所示。

步骤 06 在"图层2"的第1～45帧创建传统补间动画，选中其中任意一帧，在"属性"面板中选中"调整到路径"复选框，如图5-6所示。

图 5-5

图 5-6

步骤 07 保存文档，并按Ctrl+Enter组合键测试引导动画的效果，如图5-7所示。

图 5-7

5.2 遮罩动画

遮罩动画是Flash中的一个很重要的动画类型，它有着广泛的应用，很多特效均是通过遮罩动画来实现的。

5.2.1 遮罩动画的原理

遮罩动画是通过两个图层实现的，一个是遮罩层，另一个是被遮罩层。需要说明的是，在一个遮罩动画中，"遮罩层"只有一个，但"被遮罩层"可以有多个。

在动画制作过程中，为了得到特殊的显示效果，用户可以在遮罩层上创建一个任意形状的"视窗"，遮罩层下方的对象可以通过该"视窗"显示出来，而"视窗"之外的对象将不会显示。遮罩动画的制作原理是通过遮罩层来决定被遮罩层中的显示内容，这与Photoshop中的蒙版类似。

遮罩层的内容可以是填充的形状、文字对象、图形元件的实例或影片剪辑，不能是直线，如果一定要用线条，可以将线条转化为"填充"。"遮罩"主要有两种用途：一种是用在整个场景或一个特定区域，使场景外的对象或特定区域外的对象不可见，另一种是用来遮罩某一元件的一部分，从而实现一些特殊的效果。

在制作遮罩层动画时，应注意以下3点。

● 若要创建遮罩层，需将遮罩项目放在要用作遮罩的图层上。
● 若要创建动态效果，可以让遮罩层动起来。
● 若要获得聚光灯效果和过渡效果，可以使用遮罩层创建一个孔，通过这个孔可以看到下面的图层。遮罩项目可以是填充的形状、文字对象、图形元件的实例或影片剪辑。将多个图层组织在一个遮罩层下可创建复杂的效果。

在设计动画时，合理运用遮罩效果会使动画看起来更流畅，元件与元件之间的衔接时间更准确。同时也更具有丰富的层次感和立体感。

5.2.2　创建遮罩动画

　　在Flash中没有专门的按钮来创建遮罩层，遮罩层其实是由普通图层转化的。用户只需在某个图层上右击，在弹出的快捷菜单中执行"遮罩层"命令（快捷菜单中命令左侧将出现一个图形），该图层就会转换为遮罩层。与此同时，层图标会从普通层图标 变为遮罩层图标 ，系统也会自动将遮罩层下面的一层关联为"被遮罩层"，在缩进的同时图标变为 ，若需要关联更多被遮罩层，只要把这些层拖至被遮罩层下面，或者将图层属性类型改为被遮罩即可。

　　遮罩效果的作用方式有以下4种。

- 遮罩层中的对象是静态的，被遮罩层中的对象也是静态的，这样生成的效果就是静态遮罩效果。
- 遮罩层中的对象是静态的，而被遮罩层的对象是动态的，这样透过静态的对象可以观看后面的动态内容。
- 遮罩层中的对象是动态的，而被遮罩层中的对象是静态的，这样透过动态的对象可以观看后面静态的内容。
- 遮罩层的对象是动态的，被遮罩层的对象也是动态的，这样透过动态的对象可以观看后面的动态内容。此时，遮罩对象和被遮罩对象之间会进行一些复杂的交互，从而得到一些特殊的视觉效果。

> **⚠注意事项** 只有遮罩层与被遮罩层同时处于锁定状态时，才会显示遮罩效果。如果需要对两个图层中的内容进行编辑，可将锁定解除，编辑结束后再将其锁定。

5.2.3　动手练：文字浮出动画

　　📖 **案例素材**：本书实例/第5章/动手练/文字浮出动画

　　本案例将以文字浮出动画的制作为例，介绍遮罩动画的制作。具体操作过程如下。

　　步骤 01 新建文档，导入本章背景素材，调整至合适的大小与位置，如图5-8所示。在第60帧处按F5键插入帧。

　　步骤 02 新建"图层2"，使用文字工具输入文字，如图5-9所示。

图 5-8

图 5-9

步骤 03 在文字图层第40帧处按F6键插入关键帧，上移文字，如图5-10所示。

步骤 04 为文字图层第1～40帧创建传统补间动画，如图5-11所示。

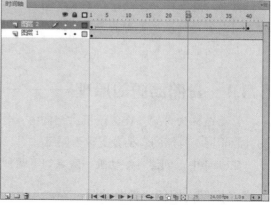

图 5-10   图 5-11

步骤 05 新建"图层3"，使用矩形工具绘制矩形，大小能遮盖文字即可，如图5-12所示。

步骤 06 选中"图层3"，右击，在弹出的快捷菜单中执行"遮罩层"命令创建遮罩效果，如图5-13所示。

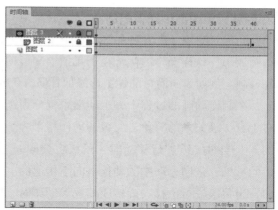

图 5-12   图 5-13

步骤 07 按Ctrl+Enter组合键进行测试，预览效果如图5-14所示。

图 5-14

至此，完成文字浮出动画的制作。

5.3 骨骼动画

骨骼动画又称为反向运动（IK）动画，它是一种用骨骼的关节结构对一个对象或彼此相关的一组对象进行动画处理的方法，该动画的操作对象可以是形状，也可以是元件。使用骨骼动画可以轻松地创建人物动画，例如胳膊、腿和面部表情等。

5.3.1 骨骼动画的原理

骨骼链称为骨架。在父子层次结构中，骨架中的骨骼彼此相连。骨架可以是线性的或分支的。源于同一骨骼的骨架分支称为同级。

在Flash中，创建骨骼动画一般有如下两种方式。

1. 多个实例之间创建骨骼动画

通过添加将每个实例与其他实例连接在一起的骨骼，用关节连接一系列的元件实例，骨骼允许这些连接起来的元件实例一起运动。例如，一组影片剪辑，其中的每个影片剪辑都表示人体的不同部分，通过将躯干、上臂、下臂和手链接在一起，可以创建逼真移动的胳膊，还可以创建一个分支骨架来包括两个胳膊、两条腿和头。

2. 形状对象内部创建骨骼动画

向形状对象（即各种矢量图形对象）的内部添加骨骼，通过骨骼移动形状的各部分以实现动画效果，这样操作的优势在于无须绘制运动中该形状的不同状态，也无须使用补间形状来创建动画。例如，向简单的蛇图形添加骨骼，使蛇可以逼真地移动和弯曲。

在制作动画的过程中，运动学系统分为正向运动学和反向运动学两种。正向运动学指的是对于有层级关系的对象，父级的动作将影响到子级，而子级的动作不会对父级造成任何影响。例如，当对父级进行移动时，子级也会同时随着移动。而子级移动时，父级不会产生移动。由此可见，正向运动中的动作是向下传递的。与正向运动学不同，反向运动学动作传递是双向的，当父级进行位移、旋转或缩放等动作时，其子级会受到这些动作的影响，反之，子级的动作也将影响父级。

5.3.2 创建骨骼动画

在Flash中可以对元件实例或者图形形状创建骨骼动画。元件可以是影片剪辑、图形和按钮，如果是文本，则需要将文本转化为元件；骨骼动画对象可以是一个或多个图形形状，添加第一个骨骼之前必须选择所有形状。

1. 元件骨骼动画

向元件实例添加骨骼时，会创建一个链接实例链。根据需要，元件实例的链接可以是一个简单的线性链或分支结构。例如人体图形需要包含四肢分支的结构。在添加骨骼之前，元件实例可以在不同的图层上。添加骨骼时，Flash将它们移动到新图层。

2. 形状骨骼动画

对于形状，用户可以向单个形状的内部添加多个骨骼。这不同于元件实例（每个实例只能具有一个骨骼）。向形状对象的内部添加骨架，可以在合并绘制模式或对象绘制模式中创建形状。

向单个形状或一组形状添加骨骼，在任一情况下，在添加第一个骨骼之前必须选择所有形状。在将骨骼添加到所选内容后，Flash将所有的形状和骨骼转换为IK形状对象，并将该对象移动到新的图层上。在某个形状转换为IK形状后，它无法再与IK形状外的其他形状合并。

下面以简单的实例介绍向形状创建基本骨骼结构的方法。

步骤01 绘制一个形状，选择骨骼工具，在形状内部按下鼠标左键向下拖曳，然后释放鼠标，创建一个骨骼，如图5-15所示。

步骤02 使用相同的方法，在形状内部创建其他骨骼，如图5-16所示。

步骤03 使用选择工具，移动形状内部的骨骼，如图5-17所示。

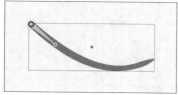
图 5-15

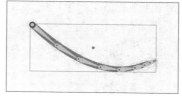
图 5-16

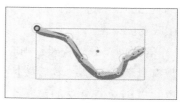
图 5-17

下面以简单的实例的方式讲解向元件创建基本骨骼结构的方法。

5.3.3 动手练：星星骨链动画

📖 **案例素材：本书实例/第5章/动手练/星星骨链动画**

本案例以星星骨链动画的制作为例，介绍骨骼动画的制作。具体操作过程如下。

步骤01 新建Flash文档，选择多角星形工具绘制五角星，并转换为图形元件，多复制几个，如图5-18所示。

步骤02 选择骨骼工具，单击左边第一个实例，并按住鼠标左键拖曳到下一个实例上，释放鼠标后便为这两个实例搭建了一根骨骼，如图5-19所示。

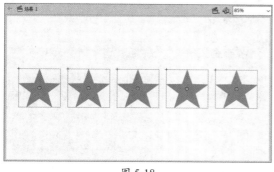
图 5-18

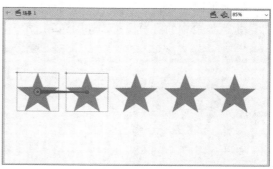
图 5-19

步骤03 重复步骤2，为其他实例创建骨骼，如图5-20所示。

步骤04 使用选择工具，拖曳实例，这样骨骼的位置也会发生相应的变化，如图5-21所示。

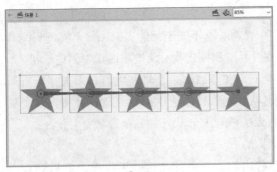

图 5-20

图 5-21

若要添加其他骨骼，则应从第一个骨骼的尾部拖曳到要添加到骨架中的下一个元件实例。光标在经过现有骨骼的头部或尾部时会发生改变。

若要创建分支骨架，则应单击分支开始的现有骨骼的头部，然后按住鼠标左键进行拖曳，以创建新分支的第一个骨骼，如图5-22所示。

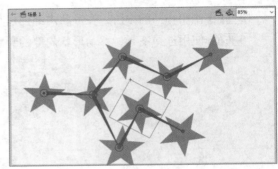

图 5-22

需要说明的是，分支不能连接到其他分支（其根部除外）。

5.4 综合实战：灵动的画卷

📖 **案例素材：本书实例/第5章/案例实战/灵动的画卷**

本案例以灵动的画卷的制作为例，对遮罩动画、引导动画等动画的制作进行介绍，具体操作过程如下。

步骤 01 打开"灵动的画卷.fla"文件，新建影片剪辑元件"左卷轴"，将库中的元件卷轴拖入舞台中，在图层1的第50帧处插入普通帧，如图5-23所示。

步骤 02 复制图层1，重命名为遮罩图层，在"遮罩图层"下方新建图层2，然后将元件"画布"拖入舞台中的合适位置，如图5-24所示。

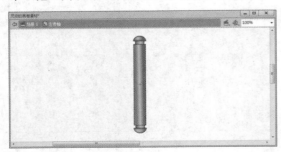

图 5-23

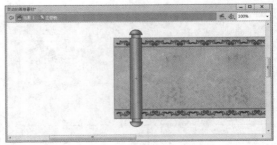

图 5-24

步骤 03 在图层2的第50帧处插入关键帧，设置在第1、50帧关键帧所对应的实例元件的Alpha值为80%，然后将第50帧对应的实例向右移动，并在第1～50帧创建传统补间动画，如

图5-25所示。

步骤 04 选择遮罩图层，右击，在弹出的快捷菜单中执行"遮罩层"命令，以创建遮罩动画效果，如图5-26所示。

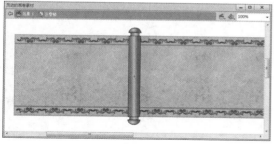

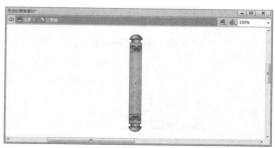

图 5-25　　　　　　　　　　　　　　　　　图 5-26

步骤 05 使用相同的方法制作右卷轴，制作画布移动动画时，将元件"画布"向左移动，制作遮罩动画，如图5-27所示。

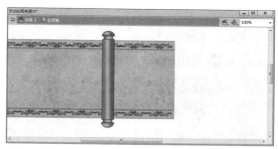

图 5-27

步骤 06 新建元件"滚动卷轴"，将库中的元件"画面"拖入舞台，在第60帧处插入普通帧，如图5-28所示。

图 5-28

步骤 07 新建遮罩图层，选择矩形工具，在第1帧处绘制矩形，如图5-29所示。

步骤 08 在遮罩图层的第60帧处插入关键帧，将矩形拉大，并在第1～60帧创建补间形状动画，如图5-30所示。

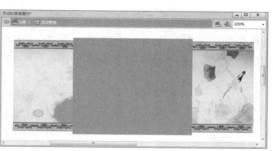

图 5-29　　　　　　　　　　　　　　　　　图 5-30

步骤09 选择遮罩图层，创建遮罩动画效果，如图5-31所示。

步骤10 新建图层"左卷轴"，将元件"左卷轴"拖入舞台中间位置，并在第60帧处插入关键帧，如图5-32所示。

图 5-31

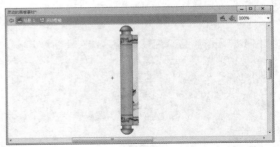

图 5-32

步骤11 选择"左卷轴"图层，在第60帧关键帧处将卷轴向左移动，在第1～60帧创建传统补间动画，如图5-33所示。

步骤12 使用相同的方法制作右卷轴动画效果，如图5-34所示。

图 5-33

图 5-34

步骤13 返回场景1，将元件"滚动卷轴"拖入舞台中，选择图层1，在第200帧处插入普通帧，如图5-35所示。

图 5-35

步骤14 新建影片剪辑元件"鱼群"，图层1重名为"鱼1"，将库中的元件"鱼游"拖入舞台，在第90帧处插入普通帧，如图5-36所示。

图 5-36

步骤15 选择"鱼1"图层，右击，在弹出的菜单中执行"添加传统运动引导层"命令，创建引导层。选择钢笔工具，绘制一条曲线作为运动路径，如图5-37所示。

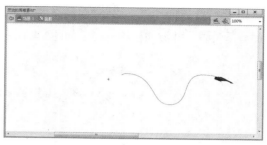

图 5-37

步骤16 选择"鱼1"图层，在第1、5、60帧处插入关键帧，设置第1关键帧所对应实例的Alpha值为30%，将实例的中心点与曲线的右端点对齐，作为运动起点，设置第5关键帧所对应实例的Alpha值为100%，设置第60关键帧所对应实例的中心点与曲线的左端点对齐，如图5-38所示。

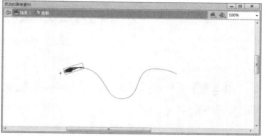

图 5-38

步骤17 在第1～5、5～60帧创建传统补间动画，如图5-39所示。

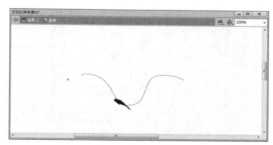

图 5-39

步骤18 使用相同的方法，制作其他的鱼游动的引导动画，如图5-40所示。

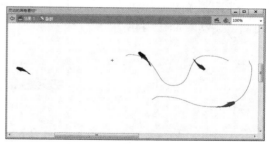

图 5-40

步骤19 新建图层AS，在第90帧处插入空白关键帧，打开动作面板，添加"stop();"脚本动作，如图5-41所示。

图 5-41

步骤20 返回场景1，新建图层鱼群，在第61帧处插入关键帧，将影片剪辑元件拖入舞台中的合适位置，并添加模糊滤镜，如图5-42所示。

图 5-42

步骤21 新建图层AS，在第200帧处插入空白关键帧，打开动作面板，添加"stop();"脚本动作，如图5-43所示。

图 5-43

步骤22 新建音乐图层，将库中的音乐素材拖入舞台。最后按Ctrl+Enter组合键，对该动画进行测试，效果如图5-44所示。

图 5-44

5.5 课后练习

1. 填空题

（1）遮罩动画是通过两个图层来实现的，一个是_____，另一个是_____。

（2）遮罩层的内容可以是填充的形状、_____、图形元件的实例或_____，不能是直线。

（3）创建引导层动画必须具备两个条件：一是路径，二是在路径上_____。

（4）骨骼动画又称反向运动（IK）动画，是一种用_____对一个对象或彼此相关的一组对象进行_____的方法。

（5）创建骨骼动画一般有两种方式。一种方式是_____添加骨骼，另一种方式是向的内部添加骨骼。

2. 选择题

（1）在遮罩层中，遮罩区域不能是（　　　）。

A. 位图　　　　　　　　　　　　B. 渐变色

C. 完全透明　　　　　　　　　　D. 无填充

（2）如果创建聚光灯或过渡动画效果时，应使用（　　　）。

A. 普通层和遮罩层　　　　　　　B. 遮罩层和被遮罩层

C. 引导层和遮罩层　　　　　　　D. 遮罩层

（3）下列图层的类型概述错误的是（　　　）。

A. 普通图层是系统默认创建的图层类型。创建普通图层后，其名称前会显示普通图层图标。

B. 在引导层中可以设置对象运动的路径，以引导被引导层中的对象沿路径进行移动。创建引导层后，在其名称前会显示引导层图标。

C. 遮罩层是用于放置遮罩对象的图层。创建遮罩层后，在其名称前面会显示遮罩层图标。

D. 被遮罩层是与遮罩层相对应，用于放置被遮罩对象的图层。创建被遮罩层后，在其名称前面会显示被遮罩层图标。

3. 操作题

通过本章的学习，制作如图5-45所示的浮动的音符动画效果。

操作提示：

步骤 01 导入背景图片。

步骤 02 绘制线条，创建线条移动动画。

步骤 03 为音乐符号创建引导动画。

步骤 04 为元件添加滤镜效果。

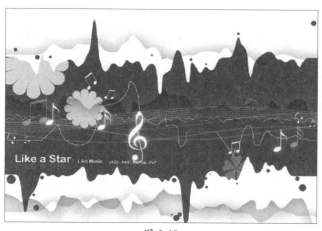

图 5-45

Flash

第6章
交互动画的创建

交互动画是指在动画作品播放时支持事件响应和交互功能的一种动画，也就是说，动画播放时可以接受某种控制，如停止、退出、选择、音乐控制、网页链接等。在Flash动画设计软件中提供一种动作脚本语言ActionScript，通过调用或编写脚本语句即可实现一些特殊的功能。

✎ 要点难点

- 了解ActionScript 3.0的功能及语法
- 掌握基本运算符的使用
- 掌握动作面板的使用
- 掌握动作脚本的编写与调试

6.1 初识ActionScript 3.0

ActionScript 3.0 是一种功能强大的面向对象编程语言，类库丰富，语法类似JavaScript，多用于Flash互动性、娱乐性、实用性开发，网页制作和RIA应用程序开发，它标志着Flash Player Runtime演化过程中的一个重要阶段。

6.1.1 ActionScript的版本

ActionScript语句是Flash提供的一种动作脚本语言，它是一种编程语言，用来编写Adobe Flash动画和应用程序。ActionScript 1.0 最初随Flash 5一起发布，这是第一个完全可编程的版本。在Flash 7中引入了ActionScript 2.0，这是一种强类型的语言，支持基于类的编程特性，比如继承、接口和严格的数据类型。Flash 8进一步扩展了ActionScript 2.0，添加了新的类库以及用于在运行时控制位图数据和文件上传的API。Flash Player中内置了ActionScript Virtual Machine（AVM 1）执行ActionScript。通过使用新的虚拟机ActionScript Virtual Machine（AVM 2），大大提高了性能。

ActionScript 3.0现在为基于Web的应用程序提供更多的可能性。它进一步增强了语言，提供出色的性能，简化了开发的过程，因此更适合高度复杂的Web应用程序和大数据集。图6-1所示为不同版本的ActionScript的脚本命令。

图 6-1

ActionScript是在Flash动画中实现互动的重要组成部分，也是Flash超越其他动画制作软件的主要因素。ActionScript 3.0的脚本编写功能超越了其早期版本，主要目的是方便创建具有大型数据集和面向对象的可重用代码库的高度复杂应用程序。

ActionScript 3.0提供可靠的编程模型，它包含ActionScript编程人员所熟悉的许多类和功能。相对于早期版本，改进的一些重要功能包括如下几项。

● 一个更先进的编译器代码库，可执行比早期编译器版本更深入的优化。

- 一个新增的ActionScript虚拟机，称为AVM 2，它使用全新的字节代码指令集，使性能得到显著提高。
- 一个扩展并改进的应用程序编程接口（API），拥有对对象的低级控制和真正意义上的面向对象的模型。
- 一个基于文档对象模型（DOM）第3级事件规范的事件模型。
- 一个基于ECMAScript for XML（E4X）规范的XML API。E4X是ECMAScript的一种语言扩展，它将XML作为语言的本机数据类型加入。

6.1.2　变量的定义

变量是一段有名字的连续存储空间。在源代码中通过定义变量来申请并命名这样的存储空间，最后通过变量的名字来使用这段存储空间。变量用来存储程序中使用的值，声明变量的方式是使用Dim语句、Public语句和Private语句在Script中显式声明变量。要声明变量，必须将var语句和变量名结合使用。

在ActionScript 2.0中，只有当用户使用类型注释时，才需要使用var语句。在ActionScript 3.0中，var语句不能省略使用。如要声明一个名为z的变量，ActionScript代码的格式为：

```
var z;
```

若在声明变量时省略了var语句，则在严格模式下会出现编译器错误，在标准模式下会出现运行时错误。若未定义变量z，则下面的代码行将产生错误：

```
z; // 如果之前 z 没有定义会报错
```

在ActionScript 3.0中，一个变量实际上包含三个不同的部分。

- 变量的名称。
- 可以存储在变量中的数据类型，如String（文本型）、Boolean（布尔型）等。
- 存储在计算机内存中的实际值。

变量的开头字符必须是字母或下画线，后续字符可以是字母或数字，但不能是空格、句号、关键字和逻辑常量等字符。

要将变量与一个数据类型相关联，则必须在声明变量时进行此操作。在声明变量时不指定变量的类型是合法的，但这在严格模式下会产生编译器警告。可通过在变量名后面追加一个后跟变量类型的冒号（:）来指定变量类型。如下面的代码声明一个int类型的变量a：

```
var a : int;
```

变量可以赋值一个数字、字符串、布尔值和对象等。Flash会在变量赋值时自动决定变量的类型。在表达式中，Flash会根据表达式的需要自动改变数据类型。

可以使用赋值运算符（=）为变量赋值。例如，下面的代码声明一个变量a并将值10赋给a：

```
var a:int;
a = 10;
```

用户可能会发现在声明变量的同时为变量赋值更方便，如下面的代码：

```
var a:int = 10;
```

通常，在声明变量的同时为变量赋值的方法不仅在赋予基元值（如整数和字符串）时很常用，而且在创建数组或实例化类时也很常用。下面的代码显示了使用一行代码声明和赋值一个数组：

```
var numArray:Array = ["one", "two","three"];
```

可以使用new运算符来创建类的实例。下面的代码创建一个名为CustomClass的实例，并向名为customItem的变量赋予对该实例的引用：

```
var customItem:CustomClass = new CustomClass();
```

如果要声明多个变量，则可以使用逗号运算符（,）来分隔变量，从而在一行代码中声明所有这些变量。如下面的代码在一行代码中声明3个变量：

```
var a:int, b:int, c:int;
```

也可以在同一行代码中为其中的每个变量赋值。如下面的代码声明3个变量（x、y和z）并为每个变量赋值：

```
var x:int = 5, y:int = 10, z:int = 15;
```

6.1.3 常量

常量是相对于变量来说的，它是使用指定的数据类型表示计算机内存中的值的名称。其与变量的区别在于，在ActionScript应用程序运行期间只能为常量赋值一次。

常量是指在程序运行中保持不变的参数。常量有数值型、字符串型和逻辑型。数值型就是具体的数值，例如x=3，字符串型是用引号括起来的一串字符，例如x="ABC"，逻辑型是用于判断条件是否成立，例如true或1表示真（成立），false或0表示假（不成立），逻辑型常量也叫布尔常量。

若需要定义在整个项目中多处使用且正常情况下不会更改的值，则定义常量非常有用。使用常量而不是字面值可提高代码的可读性。

声明常量需要使用关键字const，如下面的代码：

```
const SALES_TAX_RATE:Number = 0.4;
```

✅**知识点拨** 假设用常量定义的值需要更改，在整个项目中若使用常量表示特定值，则只需在一处更改此值（常量声明）。相反，若使用硬编码的字面值，则必须在各个位置更改此值。

6.1.4 数据类型

ActionScript 3.0的数据类型可以分为简单数据类型和复杂数据类型两类，简单数据类型只是表示简单的值，是在最低抽象层存储的值，运算速度相对较快。例如字符串、数字都属于简单数据，保存这类变量的数据类型都是简单数据类型。而类属于复杂数据类型，例如Stage类型、MovieClip类型和TextField类型都属于复杂数据类型。

ActionScript 3.0的简单数据类型的值可以是数字、字符串和布尔值等，其中，int类型、uint类型和Number类型表示数字类型，String类型表示字符串类型，Boolean类型表示布尔值类型，布尔值只能是true或false。所以简单数据类型的变量只有3种，即字符串、数字和布尔值。

（1）String：字符串类型。

（2）Numeric：对于Numeric型数据，ActionScript 3.0包含3种特定的数据类型，分别是：

- **Number**：任何数值，包括有小数部分或没有小数部分的值。
- **Int**：一个整数（不带小数部分的整数）。
- **Uint**：一个无符号整数，即不能为负数的整数。

（3）Boolean：布尔类型，其属性值为true或false。

在ActionScript中定义的大多数数据类型可能是复杂数据类型。它们表示单一容器中的一组值，例如数据类型为Date的变量表示单一值（某个时刻），然而，该日期值以多个值表示，即天、月、年、小时、分钟、秒等，这些值都为单独的数字。

当通过"属性"面板定义变量时，这个变量的类型也被自动声明了。例如，定义影片剪辑实例的变量时，变量的类型为MovieClip类型；定义动态文本实例的变量时，变量的类型为TextField类型。

常见的复杂数据类型如下。

- **MovieClip**：影片剪辑元件。
- **TextField**：动态文本字段或输入文本字段。
- **SimpleButton**：按钮元件。
- **Date**：有关时间中的某个片刻的信息（日期和时间）。

6.2 ActionScript 3.0的语法基础

语法是每一种编程语言的基础，例如如何设定变量、使用表达式、进行基本的运算。语法可以理解为规则，即正确构成编程语句的方式。在Flash中，必须使用正确的语法构成语句，才能使代码正确地编译和运行。下面介绍ActionScript 3.0的基本语法。

6.2.1 点

通过点运算符(.)对对象的属性和方法进行访问。使用点语法，可以使用跟点运算符和属性名或方法名的实例名来引用类的属性或方法。例如：

```
class DotExample{
    public var property1:String;
    public function method1():void {}
}
var myDotEx:DotExample = new DotExample(); // 创建实例
myDotEx.property1 = "hi"; // 使用点语法访问 property1 属性
myDotEx.method1(); // 使用点语法访问 method1() 方法
```

定义包时，可以使用点运算符来引用嵌套包。例如：

```
// EventDispatcher 类位于一个名为 events 的包中，该包嵌套在名为 flash 的包中
flash.events; // 点语法引用 events 包
flash.events.EventDispatcher; // 点语法引用 EventDispatcher 类
```

6.2.2 注释

注释是一种对代码进行注解的方法，编译器不会把注释识别成代码，注释可以使ActionScript程序更容易理解。

注释的标记为"/*"和"//"。ActionScript 3.0代码支持两种类型的注释：单行注释和多行注释。这些注释机制与C++和Java中的注释机制类似。

（1）单行注释以"//"开头，内容一直持续到该行的末尾。例如：

```
var myNumber:Number = 10; //
```

（2）多行注释以"/*"开头，以"*/"结尾。

6.2.3 分号

分号常用来作为语句的结束和循环中参数的隔离。在ActionScript 3.0中，可以使用分号字符（;）来终止语句。例如：

```
Var myNum:Number=20;
myLabe1.height=myNum;
```

分号还可以用在for循环中，分割for循环的参数。例如：

```
Var i:Number;
for ( i = 0;i < 5; i++) {
    trace ( i ); // 0,1,…,4
}
```

6.2.4 大括号

使用大括号可以对ActionScript 3.0中的事件、类定义和函数组合成块，即代码块。代码块是指左大括号（{）与右大括号（}）之间的任意语句。在包、类、方法中，均以大括号作为开始和结束的标记。

（1）控制程序流的结构中，用大括号括起需要执行的语句。例如：

```
if (age > 18){
trace("The game is available.");
}
else{
trace("The game is not for children.");
}
```

（2）定义类时，类体要放在大括号内，且放在类名的后面。例如：

```
public class Shape{
    var visible:Boolean = true;
}
```

（3）定义函数时，在大括号之间编写调用函数时要执行的ActionScript代码，即函数体。例如：

```
function myfun(mypar:String){
trace(mypar);
}
myfun("hello world"); // hello world
```

（4）初始化通用对象时，对象字面值放在大括号中，各对象属性之间用逗号（,）隔开。例如：

```
var myObject:Object = {propA:5, propB:6, propC:7};
```

6.2.5 小括号

小括号用途很多，例如保存参数、改变运算的顺序等。在ActionScript 3.0中，可以通过3种方式使用小括号。

（1）使用小括号更改表达式中的运算顺序，小括号中的运算优先级高。例如：

```
trace(4+ 3 * 5); // 19
trace((4+3) * 5); // 35
```

（2）使用小括号和逗号运算符（,）计算一系列表达式，并返回最后一个表达式的结果。例如：

```
var a:int = 6;
var b:int = 8;
trace((a--, b++, a*b)); // 45
```

（3）使用小括号向函数或方法传递一个或多个参数。例如：

```
trace("Action"); // Action
```

6.2.6 关键字与保留字

在ActionScript 3.0中，不能使用关键字和保留字作为标识符，即不能使用关键字和保留字作为变量名、方法名、类名等。

保留字是一些单词，因为这些单词是保留给ActionScript使用的，所以不能在代码中将它们用作标识符。保留字包括词汇关键字，编译器将词汇关键字从程序的命名空间中移除。如果用户将词汇关键字用作标识符，则编译器会报错。

6.3 使用运算符

在ActionScript 3.0中，不能使用关键字和保留字作为标识符，即不能使用关键字和保留字作为变量名、方法名、类名等。如果用户将词汇关键字用作标识符，则编译器会报告一个错误。

6.3.1 数值运算符

数值运算符包含+、-、*、/、%。下面详细介绍运算符的含义：

- **加法运算符（+）：** 表示两个操作数相加。
- **减法运算符（-）：** 表示两个操作数相减。"-"也可以作为负值运算符，如"-5"。
- **乘法运算符（*）：** 表示两个操作数相乘。
- **除法运算符（/）：** 表示两个操作数相除，若参与运算的操作数都为整型，则结果也为整型。若其中一个为实型，则结果为实型。
- **求余运算符（%）：** 表示两个操作数相除求余数。

如"++a"表示a的值先加1，然后返回a。"a++"表示先返回a，然后a的值加1。

6.3.2 比较运算符

比较运算符也称为关系运算符，主要用作比较两个变量的大小。常用于关系表达式中作为判断的条件。比较运算符包括小于（<）、大于（>）、小于或等于（<=）、大于或等于（>=）、不等于（!=）、等于（==）。

比较运算符是二元运算符，有两个操作数，对两个操作数进行比较，比较的结果为布尔型，即true或者false。

比较运算符优先级低于算术运算符，高于赋值运算符。若一个式子中既有比较运算、赋值运算，也有算术运算，则先做算术运算，再做关系运算，最后做赋值运算。例如：

```
a=1+2>3-1
```

即等价于a=（（1+2）>（3-1）），a的值为1。

6.3.3 赋值运算符

赋值运算符有两个操作数，根据一个操作数的值对另一个操作数进行赋值。所有赋值运算符具有相同的优先级。

赋值运算符包括赋值（=）、相加并赋值（+=）、相减并赋值（-=）、相乘并赋值（*=）、相除并赋值（/=）、按位左移位并赋值（<<=）、按位右移位并赋值（>>=）。

6.3.4 逻辑运算符

逻辑运算符即与或运算符，用于对包含比较运算符的表达式进行合并或取非。逻辑运算符包括非运算符（!）、与运算符（&&）、或运算符（||）。

- 非运算符（！）具有右结合性，参与运算的操作数为true时，结果为false；操作数为false时，结果为true。
- 与运算符（&&）具有左结合性，参与运算的两个操作数都为true时，结果才为true；否则为false。
- 或运算符（||）具有左结合性，参与运算的两个操作数只要有一个为true，结果就为true；当两个操作数都为false时，结果才为false。

6.3.5 等于运算符

等于运算符为二元运算符，用来判断两个操作数是否相等。等于运算符也常用于条件和循环运算，它们具有相同的优先级。等于运算符包括等于（==）、不等于（!=）、严格等于（===）、严格不等于（!==）。

6.3.6 位运算符

位运算符包括按位与（&）、按位或（|）、按位异或（^）、按位非（~）、左移位（<<）、右移位（>>）、右移位填零（>>>）。

- 按位与运算符（&）把参与运算的两个数各自对应的二进位相与，只有对应的两个二进位均为1时，结果才为1，否则为0。参与运算的两个数以补码形式出现。
- 按位或运算符（|）把参与运算的两个数各自对应的二进制位相或。
- 按位非运算符（~）把参与运算的数的各二进制位按位求反。
- 按位异或运算符（^）把参与运算的两个数所对应二进制位相异或。
- 左移运算符（<<）把运算符左边的数的二进制位全部左移若干位。
- 右移运算符（>>）把运算符左边的数的二进制位全部右移若干位。

6.4 动作面板的使用

在Flash中，动作脚本的编写是在"动作"面板的编辑环境中进行，因此熟悉"动作"面板是十分必要的。如果要使用动画中的关键帧、按钮、动画片段等具有交互性的特殊效果，就必须为其添加相应的脚本语言。

6.4.1 "动作"面板概述

脚本语言是指实现某一具体功能的命令语句或实现一系列功能的命令语句组合。在Flash中，执行"窗口"|"动作"命令，或按F9键，可打开"动作"面板。"动作"面板的界面如图6-2所示。

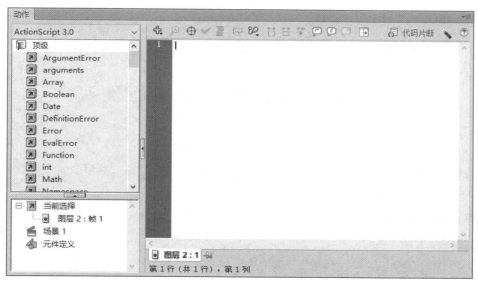

图 6-2

"动作"面板由动作工具箱、脚本导航器和脚本窗口3部分组成，各部分的功能分别如下。

- **动作工具箱**：动作工具箱位于"动作"面板左上方，可以按照下拉列表中选择的ActionScript版本显示不同的脚本命令。单击条目左侧的图标可展开每一个条目，显示条目对应的动作脚本语句元素，双击选中的语句即可将其添加到编辑窗口。

- **脚本导航器**：脚本导航器位于"动作"面板的左下方，其中列出了当前选中对象的具体信息，如名称、位置等，如图6-3所示。单击脚本导航器中的某一项目，与该项目关联的脚本则会出现在"脚本"窗口中，并且场景上的播放头也将移到时间轴上的对应位置。

- **脚本窗口**：脚本窗口是添加代码的区域。可以直接在"脚本"窗口中编辑动作、输入动作参数或删除动作，也可以双击"动作"工具箱中的某一项或"脚本编辑"窗口上方的"添加脚本"工具，向"脚本"窗口添加动作，如图6-4所示。脚本可以是ActionScript、Flash Communication或Flash JavaScript文件。

图 6-3

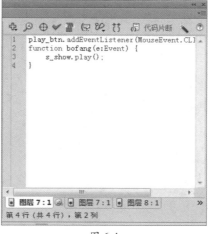

图 6-4

6.4.2 使用"动作"面板

在"脚本"编辑窗口的上面有一排工具图标，如图6-5所示。在编辑脚本时，这些工具会被激活，用户可以方便地使用这些功能。

图 6-5

主要工具按钮的功能如下。

● **将新项目添加到脚本**：单击该按钮，在弹出的菜单中显示需要添加的脚本命令，如图6-6所示。从中选择相应的命令，即可将脚本添加到脚本窗口中。

● **查找**：单击该按钮，打开"查找和替换"对话框，如图6-7所示，可以查找或替换脚本中的文本或者字符串。

图 6-6

图 6-7

● **插入目标路径**：单击该按钮，打开"插入目标路径"对话框，如图6-8所示。用于设置脚本中的某个动作为绝对或相对路径。

● **语法检查**：单击该按钮，检查当前脚本中的语法错误。

● **自动套用格式**：单击该按钮，可以设置脚本为实现编码语法的正确性和可读性，在"首选参数"对话框中设置自动套用格式首先参数，如图6-9所示。

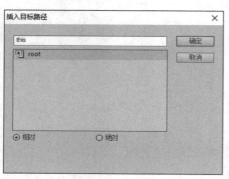

图 6-8

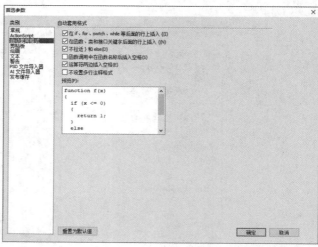

图 6-9

● **显示代码提示**：单击该按钮，用于显示或关闭自动代码提示，显示正在处理的代码提示，如图6-10所示。

● **调试选项**：单击该按钮，将在打开的下拉菜单中设置或删除断点，以便在调试时可以逐行执行脚本，如图6-11所示。调试选项只适用于ActionScript文件，对Flash Communication或Flash JavaScript文件不能使用此选项。

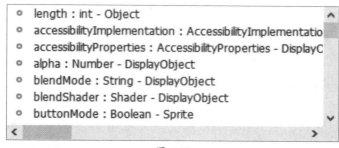

图 6-10

图 6-11

● **折叠成对大括号**：单击该按钮，可以对出现在当前包含插入点的成对大括号或小括号间的代码进行折叠。

● **折叠所选**：单击该按钮，可以对所选择的代码进行折叠；按住Alt键，可折叠所选之外的代码部分。

● **展开全部**：单击该按钮，展开当前脚本中所有折叠的代码。

● **应用块注释**：单击该按钮，块注释字符将被置于所选代码块的开头（/*）和结尾（*/）。

● **代码片段**：单击该按钮，弹出代码片段库对话框，如图6-12所示。代码库可以让用户方便地通过导入和导出功能管理代码，是常用代码集合。

● **通过从"动作"工具箱选择项目来编写脚本**：单击该按钮，将在"动作"面板中打开脚本助手模式，如图6-13所示，在脚本助手模式下创建脚本所需的元素。

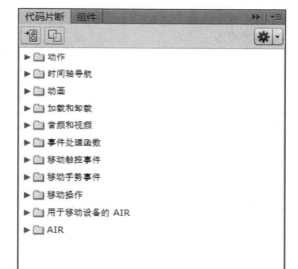

图 6-12

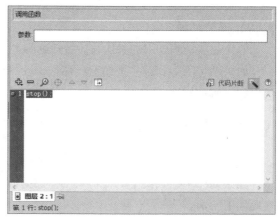

图 6-13

6.5 脚本的编写与调试

添加脚本可分为两种：一种是把脚本编写在时间轴上的关键帧上（必须是关键帧上才可以添加脚本）；另一种是把脚本编写在对象身上，例如把脚本直接写在MC（影片剪辑元件的实例）上、按钮上。下面介绍一些基础脚本的使用技巧。

6.5.1 编写脚本

制作引人入胜的动画，需要用到动作脚本对动画进行编程控制。ActionScript是Flash的脚本撰写语言，通过它可以制作各种特殊效果。Flash中的所有脚本命令语言都在"动作面板"中编写。

基本的AS命令包括stop()、play()、gotoAndPlay()、gotoAndStop()、nextFrame()、prevFrame()、nextScene()、prevScene()、stopAllSounds()等。AS语法对大小写是敏感的，例如gotoAndPlay()正确，gotoAndplay()错误，关键字的拼写必须和语法一致。

1. 播放动画

执行"窗口"|"动作"命令，打开动作面板，在脚本编辑区中输入相应的代码即可播放动画。

如果动作附加到某一个按钮上，那么该动作会被自动包含在处理函数on (mouse event)内，其代码如下所示。

```
on (release) {
play();
}
```

如果动作附加到某一个影片剪辑中，那么该动作会被自动包含在处理函数onClipEvent内，其代码如下所示。

```
onClipEvent (load) {
play();
}
```

2. 停止播放动画

停止播放动画脚本的添加与播放动画脚本的添加类似。

如果动作附加到某一按钮上，那么该动作会被自动包含在处理函数on (mouse event)内，其代码如下所示。

```
on (release) {
    stop();
}
```

如果动作附加到某个影片剪辑中，那么该动作会被自动包含在处理函数onClipEvent内，其代码如下所示。

```
onClipEvent (load) {
```

```
stop();
}
```

3. 跳到某一帧或场景

要跳到影片中的某一特定帧或场景，可以使用goto动作。该动作在"动作"工具箱作为两个动作列出：gotoAndPlay和gotoAndStop。当影片跳到某一帧时，可以选择参数来控制是从新的一帧播放影片（默认设置）还是在当前帧停止。

例如将播放头跳到第10帧，然后从那里继续播放：

```
gotoAndPlay(10);
```

例如将播放头跳到该动作所在的帧之前的第5帧：

```
gotoAndStop(_currentframe+5);
```

单击指定的元件实例后，将播放头移动到时间轴中的下一场景，并在此场景中继续回放：

```
button_1.addEventListener(MouseEvent.CLICK, fl_ClickToGoToNextScene);
function fl_ClickToGoToNextScene(event:MouseEvent):void
{
    MovieClip(this.root).nextScene();
}
```

4. 跳到不同的 URL 地址

若要在浏览器窗口中打开网页，或将数据传递到所定义URL处的另一个应用程序，可以使用getURL动作。

例如下面的代码片段表示单击指定的元件实例会在新浏览器窗口中加载URL，即单击后跳转到相应的Web页面。

```
button_1.addEventListener(MouseEvent.CLICK, fl_ClickToGoToWebPage);
function fl_ClickToGoToWebPage(event:MouseEvent):void
{
    navigateToURL(new URLRequest("http://www.sina.com"), "_blank");
}
```

对于窗口，可以指定要在其中加载文档的窗口或帧。

- **_self**：用于指定当前窗口中的当前帧。
- **_blank**：用于指定一个新窗口。
- **_parent**：用于指定当前帧的父级。
- **_top**：用于指定当前窗口中的顶级帧。

6.5.2 调试脚本

一般来说，高级语言的编程和程序的调试都是在特定的平台上进行的。而ActionScript可以在动作面板中进行编写，不能在动作面板中测试。Flash为预览、测试、调试ActionScript脚本程序提供了一系列的工具，其中包括专门用来调试ActionScript脚本的调试器。

ActionScript 3.0调试器仅用于ActionScript 3.0的FLA和AS文件。启动一个ActionScript 3.0调试会话时，Flash将启动独立的Flash Player调试版来播放SWF文件。调试版Flash播放器从Flash创作应用程序窗口的单独窗口中播放SWF文件。

1. 进入调试模式

开始调试会话的方式取决于正在处理的文件类型。如从FLA文件开始调试，则执行"调试" | "调试影片" | "调试"命令，打开调试所用面板的调试工作区，如图6-14所示。调试会话期间，Flash遇到断点或运行时错误时将中断执行ActionScript。

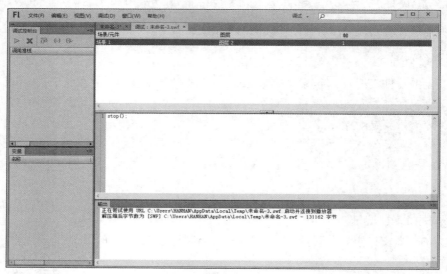

图 6-14

ActionScript 3.0调试器将Flash工作区转换为显示调试所用面板的调试工作区，包括"动作"面板、"调试控制台"和"变量"面板。调试控制台显示调用堆栈并包含用于跟踪脚本的工具。"变量"面板显示当前范围内的变量及其值，并允许用户自行更新这些值。

Flash启动调试会话时，将在为会话导出的SWF文件中添加特定信息。此信息允许调试器提供代码中遇到错误的特定行号。用户可以将此特殊调试信息包含在所有从发布设置中通过特定FLA文件创建的SWF文件中。这将允许用户调试SWF文件，即使并未显式启动调试会话。

2. 调试远程 ActionScript 3.0 SWF 文件

利用ActionScript 3.0，可以通过使用Debug Flash Player的独立版本、ActiveX版本或者插件版本远程调试SWF文件。但是，在ActionScript 3.0调试器中，远程调试仅限于和Flash创作应用程序位于同一本地主机上，并且正在独立调试播放器、ActiveX控件或插件中播放的文件。

若要允许远程调试文件，需在"发布设置"中启用"允许调试"功能。也可以发布带有调试密码的文件，以确保只有可信用户才能调试。下面将对启用SWF文件的远程调试并设置调试密码的操作进行介绍。

（1）打开FLA文件，在"发布设置"对话框中选中"允许调试"复选项，如图6-15所示。接着执行"文件" | "导出" | "导出影片"命令，打开"导出影片"对话框。

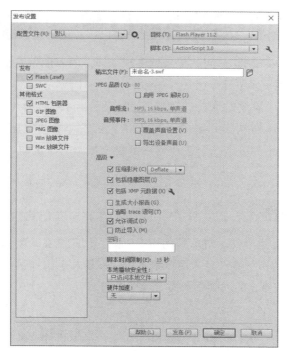

图 6-15

（2）从中选择存储路径来保存SWF文件，以在本地主机上执行远程调试会话。执行"调试"|"开始远程调试会话"|"ActionScript 3.0"命令，打开如图6-16所示的窗口，并等待播放器连接。

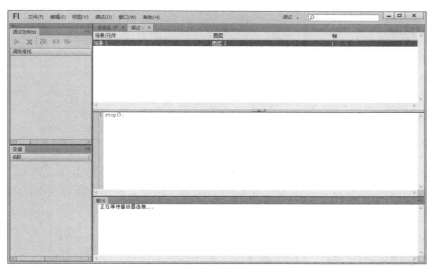

图 6-16

（3）在调试版本的Flash Player插件或ActiveX控件中打开SWF文件。当调试播放器连接到Flash ActionScript 3.0调试器面板时，调试会话开始。

❶注意事项 在ActionScript 3.0 FLA文件中，不能调试帧脚本中的代码。只有外部AS文件中的代码可以使用ActionScript 3.0调试器调试。

6.6 创建交互式动画

目前，互联网上用Flash制作的网站越来越多，其神奇的表现令人流连忘返，叹为观止。特别是交互性设计，更令网页多了几分灵气。

交互式动画是指影片播放时支持时间响应和交互功能，动画在播放时能够接收某种控制，而不是像普通动画那样从头到尾进行播放。交互式动画通过按钮元件和动作脚本语言ActionScript实现，例如用户单击一个按钮或在键盘上按下一个键时，将激活一个对应的动作操作。

6.6.1 事件与动作

Flash中的交互功能是由事件、对象和动作组成的。创建交互式动画就是要设置在某种事件下对某个对象执行某个动作。事件是指用户单击按钮或影片剪辑实例、按下键盘等操作；动作指使播放的动画停止、使停止的动画重新播放等操作。

1. 事件

按照触发方式的不同，事件可以分为帧事件和用户触发事件。帧事件是基于时间的，如当动画播放到某一时刻时，事件就会被触发。用户触发事件是基于动作的，包括鼠标事件、键盘事件和影片剪辑事件。下面简单介绍一些用户触发事件。

- **press**：当光标移到按钮上时，按下鼠标发生的动作。
- **release**：在按钮上方按下鼠标，然后松开鼠标发生的动作。
- **rollOver**：当鼠标滑过按钮时发生的动作。
- **dragOver**：按住鼠标不放，鼠标滑过按钮时发生的动作。
- **keyPress**：当按下指定键时发生的动作。
- **mouseMove**：当移动鼠标时发生的动作。
- **load**：当加载影片剪辑元件到场景中时发生的动作。
- **enterFrame**：当加入帧时发生的动作。
- **date**：当接收到数据和数据传输完成时发生的动作。

2. 动作

动作是ActionScript脚本语言的灵魂和编程的核心，用于控制动画播放过程中相应的程序流程和播放状态。

- **Stop()语句**：用于停止当前播放的影片，常用于使按钮控制影片剪辑。
- **gotoAndPlay()语句**：跳转并播放，跳转到指定的场景或帧，并从该帧开始播放；如果没有指定场景，则跳转到当前场景的指定帧。
- **getURL语句**：用于将指定的URL加载到浏览器窗口，或者将变量数据发送给指定的URL。
- **stopAllSounds语句**：用于停止当前在Flash Player中播放的所有声音，该语句不影响动画的视觉效果。

✅ **知识点拨** 在Flash中，大多数动作语句都带有参数，用户必须正确设置这些参数，才能保证动作正确。

6.6.2 动手练：制作电子相册

📖 **案例素材：本书实例/第6章/动手练/制作电子相册**

本案例以电子相册的制作为例，介绍"动作"面板、交互式动画的制作，具体操作过程如下。

步骤 01 打开"相册.fla"文件，新建影片剪辑元件"元件1"，在编辑区中绘制一个绿色的矩形，删除边线，并将矩形转化为图形元件"元件2"，如图6-17所示。

步骤 02 选择"元件2"，在属性面板中设置其Alpha值为20%，在第2帧处插入关键帧，设置其Alpha值为60%，效果如图6-18所示。

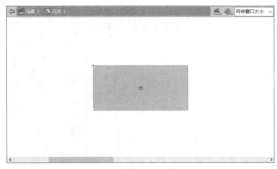

图 6-17

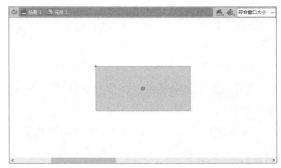

图 6-18

步骤 03 新建按钮元件"元件3"，在第2帧处插入关键帧，将影片剪辑元件"元件1"拖入编辑区中，并在第4帧处插入普通帧，如图6-19所示。

步骤 04 新建影片剪辑元件"动画"，将"库"面板中的元件"动物1"拖入编辑区，如图6-20所示。

图 6-19

图 6-20

步骤 05 在第15、30、45帧处插入关键帧，将第1、45帧中的实例Alpha值设为0，在第1～15、30～45帧创建传统补间动画，如图6-21所示。

步骤 06 新建图层2～4，使用相同的方法，创建元件"动物2"～"动物4"的动画效果，如图6-22所示。

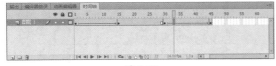

图 6-21

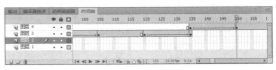

图 6-22

步骤07 返回场景1，选择背景层，将背景图像拖入舞台中，如图6-23所示。

步骤08 新建动画图层，将元件"动画"拖入舞台，调整大小和位置，并在属性面板中将其实例名称设置为z1，如图6-24所示。

图 6-23

图 6-24

步骤09 新建图层3，将库中的元件"动物1"～"动物4"拖入舞台，调整位置及大小，如图6-25所示。

步骤10 新建按钮图层，将库中的按钮元件"元件3"拖入舞台，并复制3个，调整位置与大小，如图6-26所示。

图 6-25

图 6-26

步骤11 从左至右依次命名按钮名称为a1、a2、a3、a4，如图6-27所示。

步骤12 打开"动作"面板，为按钮添加相应的脚本，如图6-28所示。

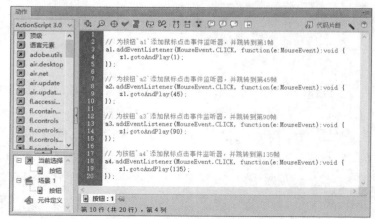
图 6-27

图 6-28

步骤 13 新建音乐图层，选择第1帧，将库中的声音文件拖入舞台，保存文件，按Ctrl+Enter组合键对该动画进行测试，如图6-29、图6-30所示。

图 6-29 图 6-30

6.7 综合实战：弹性小球动画效果

📖 **案例素材：** 本书实例/第6章/案例实战/弹性小球效果

本案例将利用前面所学知识，制作一个具有弹性的小球动画效果，具体制作过程如下。

步骤 01 打开本章素材文件，将库中的图片"背景.png"拖入舞台，调整其大小和位置，使其布满舞台，如图6-31所示。

图 6-31

步骤 02 执行"插入"|"新建元件"命令，新建影片剪辑元件"圆"，接着进入编辑状态，如图6-32所示。

图 6-32

步骤 03 使用椭圆工具在舞台上绘制一个大小为25×25，颜色为青绿色（#6BFFB5）的正圆，并将其边线删除，如图6-33所示。

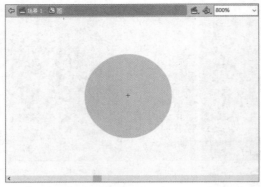

图 6-33

步骤 04 新建图层2，使用椭圆工具绘制一个大小为15×15，颜色为绿色（#00CC00）的正圆，并将其边线删除，如图6-34所示。

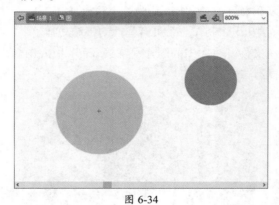

图 6-34

步骤 05 选择图层2中的实例，使用选择工具将其移动到图层1中的实例所在位置，使两个圆的圆心重合，如图6-35所示。

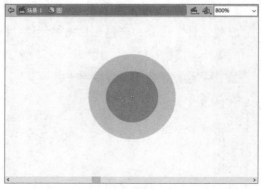

图 6-35

步骤 06 返回到主场景，新建图层2，将影片剪辑元件"圆"重复拖入舞台11次，如图6-36所示。

图 6-36

步骤 07 调整舞台上各实例圆的位置，使其排列为半圆形，并分别为各实例圆添加实例名"a1"～"a11"，如图6-37所示。

步骤 08 新建图层AS，选中第1帧，按F9键打开"动作"面板，在脚本编辑区输入相应的控制脚本，如图6-38所示。

图 6-37

图 6-38

步骤 09 至此，完成弹力小球动画的制作。保存该动画，按Ctrl+Enter组合键对该动画进行测试，效果如图6-39、图6-40所示。

图 6-39

图 6-40

6.8 课后练习

1. 填空题

（1）_____是在Flash动画中实现互动的重要组成部分，也是Flash超越其他动画制作软件的主要因素。

（2）若要在浏览器窗口中打开网页，或将数据传递到所定义URL处的另一个应用程序，可以使用_____动作。

（3）_____只表示简单的值，是在最低抽象层存储的值，运算速度相对较快。

（4）"动作"面板由动作工具箱、_____和脚本窗口3部分组成。

2. 选择题

（1）使动画或动画中某一个影片剪辑跳转到指定帧的脚本语句是（　　　　）。

A. getURL　　　　　　　B. tellTarget　　　　　　C. goto　　　　　　　　　D. fscommand

（2）测试影片的快捷键是（　　　　）。

A. Ctrl+Alt+Enter　　　B. Ctrl+Enter　　　　　C. Ctrl+Shift+Enter　　D. Alt+Shift+Enter

（3）Flash内嵌的脚本程序是（　　　　）。

A. ActionScript　　　　B. VBScript　　　　　　C. JavaScript　　　　　　D. Jscript

（4）使播放头跳转到指定场景内的指定帧并停止的函数是（　　　　）。

A. gotoAndPlay　　　　B. gotoAndStop　　　　C. play　　　　　　　　　D. stop

（5）要跳转到影片中的某一特定帧或场景，可以使用（　　　　）动作。

A. goto　　　　　　　　B. play　　　　　　　　C. on　　　　　　　　　　D. stop

3. 操作题

通过本章的学习，制作一个光标触碰导航的效果。当光标经过导航上的按钮时，会出现火光效果，光标离开时，按钮恢复原有状态，效果如图6-41所示。

操作提示：

步骤 01 启动Animate软件后，新建影片剪辑元件，使用绘图工具绘制小鱼的各部分。

步骤 02 添加关键帧与补间动画。

步骤 03 设置元件实例名称，添加控制脚本。

图 6-41

Flash

第7章
文本的
应用

文本是Flash作品中不可或缺的元素，通过文本可以更直观地表达作者的思想，文字与画面的完美结合会更加吸引人们的眼球。在Flash中可以以多种方式添加文本，包括静态文本、动态文本等，并进行文本样式的设置。熟练使用文本工具也是掌握Flash的一个关键。

✎ 要点难点

- 了解文本工具的用途
- 熟悉文本工具的使用方法
- 掌握文本样式的设置方法
- 掌握文本的编辑技巧

7.1 文本工具的使用

文本工具的使用与工具栏中其他工具的使用是一样的，只需选择工具箱中的文本工具**T**或者按T键。使用文本工具创建的文本包含两类，即传统文本和TLF文本。其中，传统文本又包括静态文本、动态文本、输入文本3种。

7.1.1 静态文本

静态文本在动画运行期间是不可以编辑修改的，它是一种普通文本。静态文本主要用于文字的输入与编排，起到解释说明的作用。静态文本是信息的传播载体，也是文本工具最基本的功能。静态文本的属性面板如图7-1所示。

创建文本可以通过文本标签和文本框两种方式。它们之间最大的区别是有无自动换行功能。

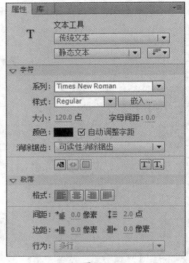

图 7-1

1. 文本标签

选择文本工具后，在舞台上单击，可看到一个右上角有小圆圈的文字输入框，即文本标签。在文本标签中输入文字后，文本标签会自动扩展，但不会自动换行，如图7-2所示。用户若需要换行，应按Enter键。

2. 文本框

选择文本工具后，在舞台区域中单击鼠标左键并拖曳，将出现一个虚线文本框，调整文本框的宽度，释放鼠标后将得到一个文本框，此时可以看到文本框的右上角出现一个小方框。这说明文本框已经限定了宽度，当输入的文字超过限制宽度时，Flash将自动换行，如图7-3所示。

通过鼠标拖曳可以随意调整文本框的宽度，如果需要对文本框的尺寸进行精确的调整，可以在属性面板中输入文本框的宽度与高度值。

图 7-2

图 7-3

> ❗**注意事项** 双击文本框右上角的小方框，即转变为文本标签输入模式。

7.1.2　动态文本

动态文本是一种比较特殊的文本，在动画运行的过程中可以通过ActionScript脚本进行编辑修改。动态文本可以显示外部文件的文本，主要用于数据的更新。在Flash中制作动态文本区域后，接着创建一个外部文件，并通过脚本语言使外部文件链接到动态文本框中。若需要修改文本框中的内容，则只需更改外部文件中的内容。

图 7-4

在"属性"面板的"文本类型"下拉列表框中选择"动态文本"选项，即可切换到动态文本输入状态，如图7-4所示。在动态文本的"属性"面板中，各主要选项的含义如下。

- **实例名称：** 在Flash中，文本框也是一个对象，实例名称就是为当前文本指定的一个对象名称。
- **行为：** 当包含的文本内容多于一行时，使用"段落"栏中的"行为"下拉列表框，可以使用单行、多行（自动回行）和多行进行显示。
- **将文本呈现为HTML：** 在"字符"栏中单击 按钮，可指定当前文本框中的内容为HTML内容，这样一些简单的HTML标记就可以被Flash播放器识别并进行渲染了。
- **在文本周围显示边框：** 在"字符"栏中单击 按钮，可显示文本框的边框和背景。
- **变量：** 在该文本框中可输入动态文本的变量名称。

7.1.3　输入文本

输入文本主要用于交互式操作的实现，目的是让浏览者填写一些信息，以达到信息交换或收集的目的。例如，常见的会员注册表、搜索引擎或个人简历表等。选择输入文本类型后创建的文本框，在生成Flash动画时，可以在其中输入文本。

在"属性"面板的"文本类型"下拉列表框中选择"输入文本"选项，即可切换到输入文本所对应的"属性"面板，如图7-5所示。

在"输入文本"类型中，对文本各种属性的设置主要是为浏览者的输入服务的。例如，当浏览者输入文字时，会按照在"属性"面板中对文字颜色、字体和字号等参数的设置来显示输入的文字。

图 7-5

✔️**知识点拨** 在创建"输入文本"时，在其属性对话框中的"行为"下拉列表框中还包括"密码"选项，选择该选项，则用户的输入内容全部用"*"显示。

7.2 文本样式的设置

在创建文本内容后，用户还可以对文本的样式进行设置。文本的基本样式包括消除文本锯齿、设置文字属性、创建文本链接和设置段落格式。例如字体属性包括字体系列、磅值、样式、颜色、字母间距、自动字距微调和字符位置等。

7.2.1 设置文本属性

在舞台中输入文本后，选择文本可在"属性"面板中修改文本属性。字符属性主要包括系列、样式、颜色、大小等。选择文字工具，在"属性"面板中可以看到相应的字符属性，如图7-6所示。在字符面板中，各主要选项含义如下。

- **系列**：用于设置文本字体。
- **样式**：用于设置常规、粗体或斜体等。一些字体还包含其他样式，如黑体、粗斜体等。
- **大小**：以像素为单位，设置文本的大小。
- **字母间距**：设置字符之间的距离，单击后可直接输入数值来改变间距。
- **颜色**：设置文本的颜色。
- **自动调整字距**：在特定字符之间加大或缩小距离。选中"自动调整字距"复选框，使用字体中的字距微调信息。取消选中"自动调整字距"复选框，忽略字体中的字距微调信息，不使用字距调整。
- **消除锯齿**：包括使用设备字体、位图文本（无消除锯齿）、动画消除锯齿、可读性消除锯齿以及自定义消除锯齿，选择不同的选项可以看到不同的字体呈现方法。图7-7、图7-8所示分别是位图文本（无消除锯齿）和可读性消除锯齿的对比效果。

图 7-6

图 7-7

图 7-8

7.2.2 设置段落格式

在Flash中，可以在"属性"面板的"段落"栏中设置段落文本的缩进、行距、左边距和右边距等，如图7-9所示。其中，各选项的含义如下。

- **格式：** 设置文本的对齐方式。
- **缩进：** 设置段落首行缩进的大小。
- **间距：** 设置段落中相邻行之间的距离。
- **边距：** 设置段落左右边距的大小。
- **行为：** 设置段落单行、多行或者多行不换行。

图7-10、图7-11分别为居中对齐和右对齐的对比效果。

图 7-9

图 7-10

图 7-11

7.2.3　为文本添加超链接

通过"属性"面板还可以为文本添加链接，单击添加链接的文本可以跳转到指定文件或网页。

选中文本，打开"属性"面板，在选项区域中的"链接"文本框内输入相应链接的地址，如图7-12所示。

图 7-12

按Ctrl+Enter组合键进行测试，当光标经过链接的文本时，光标将变成小手形状，单击可打开所链接的页面，如图7-13所示。

图 7-13

7.3 文本的分离与变形

在Flash中，可以对文本进行分离、变形等操作。下面对相关知识进行介绍。

7.3.1 分离文本

在Flash中，可以将文本分离成一个独立的对象进行编辑。当分离成单个字符或填充图像时，便可以制作每个字符的动画或为其设置特殊的文本效果。

选中文本内容，选择"修改"|"分离"命令或按Ctrl+B组合键，即可实现文本分离，如图7-14所示。

图 7-14

> **⊘注意事项** 按两次Ctrl+B组合键，可以将文本分离为填充图像。要注意的是，文本分离为填充图像后，就不再具有文本的属性。

7.3.2 文本变形

在进行动画创作的过程中，用户也可以像变形其他对象一样对文本进行变形操作，例如对文本进行缩放、旋转和倾斜等操作。

1. 缩放文本

在编辑文本时，用户除了可以在"属性"面板中设置字体的大小外，还可以使用任意变形工具，对文本进行整体缩放变形。

首先选中文本内容，选择任意变形工具，将光标移动到轮廓线上的控制点处，按住鼠标左键并拖曳鼠标，如图7-15所示。

图 7-15

2. 旋转与倾斜

将光标放置在不同的控制点上，光标的形状也会发生变化。选中文本，选择任意变形工具，将光标放置在变形框的任意角点上，当光标变为⟲形状时，单击并按住鼠标左键进行拖曳可以旋转文本块，如图7-16所示。

图 7-16

将光标放置在变形框边上中间的控制点上，当光标变为↕或⟷形状时，单击并按住鼠标左键进行拖曳可以上下或左右倾斜文本块，如图7-17所示。

图 7-17

3. 水平翻转和垂直翻转

选择文本，在菜单栏中选择"修改"|"变形"|"水平翻转"或"垂直翻转"命令，即可实现翻转，如图7-18、图7-19所示。

图 7-18

图 7-19

7.3.3　对文字进行局部变形

将文本分离为填充图像后，可以非常方便地改变文字的形状。

选中文本并按两次Ctrl+B组合键，将文本彻底分离为填充图像。单击工具箱中的任意变形工具，在准备变形的文本局部上，单击并按住鼠标左键进行拖曳，如图7-20所示。

图 7-20

7.3.4　动手练：炫彩文字

📎 **案例素材：** 本书实例/第7章/动手练/炫彩文字

本案例将以炫彩文字的制作为例，介绍文字的新建与变形，具体操作如下。

步骤 01 打开"炫彩文字素材.fla"文件，在第40帧处插入普通帧，如图7-21所示。

步骤 02 新建元件"灯1"，将图形元件"灯"拖入舞台中，在第30帧处插入普通帧，如图7-22所示。

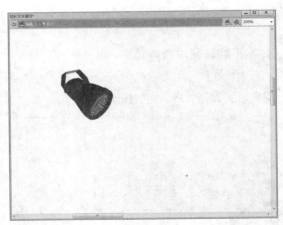

图 7-21　　　　　　　　　　　　　图 7-22

步骤 03 新建图层"灯光"，选择直线工具，绘制图形，使用颜料桶工具填充渐变颜色，从红色（#ff0000）到透明，接着将其转换为元件"灯光"，如图7-23所示。

步骤 04 在第10、20、30帧处插入关键帧，在第10帧处设置元件色调为蓝色（#3300ff），在第20帧处设置色调颜色为橙色（#ff6600），然后在第1～10、10～20、20～30帧创建传统补间动画，如图7-24所示。

图 7-23

图 7-24

步骤 05 返回场景1，新建图层"灯1"，将元件"灯1"拖入舞台上，调整位置及大小。在第18、22、37、40帧插入关键帧，如图7-25所示。

步骤 06 选择第18、22帧，将元件向上移动到同一位置，然后在第1～18、18～22、22～37、37～40帧创建传统补间动画，如图7-26所示。

图 7-26

图 7-25

步骤 07 新建图层"灯2"，将元件"灯"1拖入舞台并实施水平翻转操作，随后适当调整其位置，如图7-27所示。

步骤 08 选择图层"灯2"上的元件，在属性面板中的循环选项中，将第一帧设置为10，如图7-28所示。

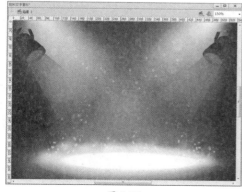

图 7-27

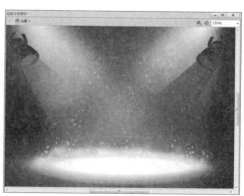

图 7-28

步骤 09 参照步骤5、步骤6的方法，为图层"灯2"创建传统补间动画，如图7-29所示。

步骤 10 新建图层"文字"，选择文字工具，输入文本内容，如图7-30所示。

图 7-29

图 7-30

步骤 11 按两次Ctrl+B组合键分离文本，利用"封套"按钮，对文本进行变形操作，如图7-31所示。

步骤 12 新建元件"彩条"，选择矩形工具绘制形状，并使用颜料桶工具填充线性渐变颜色（用户可以根据自己的需要设置渐变颜色），如图7-32所示。

图 7-31

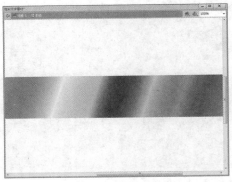

图 7-32

步骤 13 返回场景1，在"文字"图层下方新建图层"彩条"，将元件"彩条"拖入舞台中，并在第20、40帧处插入关键帧，如图7-33所示。

步骤 14 在第20帧处向右移动元件"彩条"，然后在第1~20、20~40帧创建传统补间动画，如图7-34所示。

图 7-33

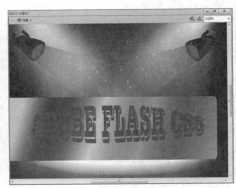

图 7-34

步骤15 选择文字图层，右击，在弹出的快捷菜单中选择"遮罩层"命令，创建遮罩图层，如图7-35所示。

步骤16 新建音乐图层，将库中的音乐素材拖入舞台中，保存并测试该动画效果，如图7-36所示。

图 7-35

图 7-36

7.4 综合实战：火焰字特效

📖 **案例素材：本书实例/第7章/案例实战/火焰字特效**

本案例以火焰字特效的制作为例，对文字的创建、打散等进行介绍，具体操作如下。

步骤01 打开"火焰文字特效素材.fla"文件，在第70帧处插入普通帧，如图7-37所示。

步骤02 新建影片剪辑元件"火焰1"，将库中的图像素材"hy.jpeg"拖入舞台中，在第35帧处插入普通帧，并转化为图形元件"火焰"，如图7-38所示。

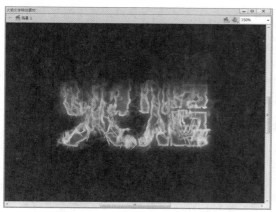

图 7-37

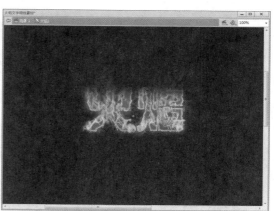

图 7-38

步骤03 新建图层2，将图形元件"火焰"拖入舞台中，并稍微向下移动，如图7-39所示。

步骤04 新建图层3，选择铅笔工具，在舞台上绘制如图7-40所示的图形。

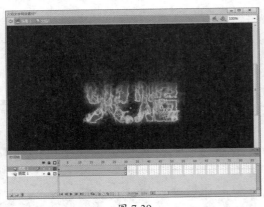
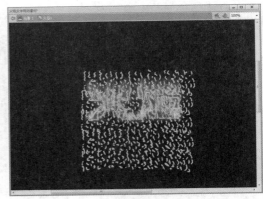

图 7-39　　　　　　　　　　　　　　　　图 7-40

步骤 05 在第35帧处插入关键帧，并将图形向上移动，在第1～35帧创建传统补间动画，如图7-41所示。

步骤 06 选择图层3，右击，在弹出的快捷菜单中选择"遮罩层"命令，创建图层遮罩，如图7-42所示。

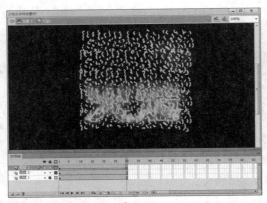

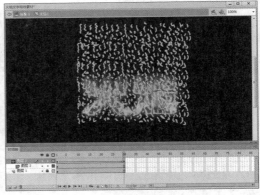

图 7-41　　　　　　　　　　　　　　　　图 7-42

步骤 07 返回场景1，新建图层2，将影片剪辑元件"火焰1"拖入舞台中，如图7-43所示。

步骤 08 新建音乐图层，将库中的音乐素材拖入舞台中，按Ctrl+Enter组合键对该动画进行测试，如图7-44所示。

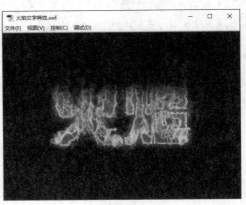

图 7-43　　　　　　　　　　　　　　　　图 7-44

7.5 课后练习

1. 填空题

（1）传统文本包括3种类型，分别是静态文本、_____、_____。

（2）_____主要用于文字的输入与编排，起到解释说明的作用，是文本工具的最基本功能。

（3）文本的基本样式包括消除文本锯齿、_____、创建文本链接和_____。

（4）使用_____功能，创建平滑的字体对象，可以更清晰地显示较小文本。

（5）文本分离为_____后，就不再具有文本的属性。

2. 选择题

（1）在动画运行的过程中，可以通过ActionScript脚本进行编辑修改的文本是（　　　）。

A. 静态文本　　　　　　B. 动态文本　　　　　C. 输入文本　　　　　D. TLF文本

（2）使用文本工具输入文本后，要改变文字的大小和字体，应该在（　　）浮动视窗内设定。

A. 调色器　　　　　　　B. 信息　　　　　　　C. 效果　　　　　　　D. 属性

（3）按下（　　）组合键可以将文本分离。

A. Ctrl+A　　　　　　　B. Ctrl+B　　　　　　C. Ctrl+C　　　　　　D. Ctrl+V

3. 操作题

使用文本工具输入文本，将其分离为图像并进行编辑，最后保存文件，如图7-45所示。

图 7-45

操作提示：

步骤 01 使用文字工具创建静态文本。

步骤 02 按Ctrl+B组合键分离文本。

步骤 03 插入关键帧，按照顺序使文字依次出现。

Flash

第 **8** 章
音视频的
应用

在动画设计中，声音与视频的应用将会使动画效果表现得更加完美，可以说多媒体效果的添加与否是衡量动画效果的标准之一。我们可以试想一下，一个没有声音的动画情节，其效果必将大打折扣。在新版本Flash中，音视频的编辑处理功能得到了更好的补充与完善，本章将对这方面的知识进行详细介绍。

要点难点

- 了解Flash中声音的格式与类型
- 了解Flash支持的视频类型
- 熟悉Flash中声音的优化方法
- 掌握向Flash中导入视频的方法

8.1 声音在Flash中的应用

Flash提供多种使用声音的方式。通过不同的设置方式可以使声音独立于时间轴连续播放，或使动画与一个声音同步播放；还可以向按钮添加声音，使按钮具有更强的感染力。另外，通过设置淡入淡出效果可以使声音表现得更加完美。

8.1.1 声音的格式

在Flash中，支持的声音格式有MP3、WAV和AIFF（仅限苹果机）。下面对常用的音频格式进行介绍。

1. MP3 格式

MP3是使用非常广泛的一种数字音频格式。MP3格式利用MPEG Audio Layer 3技术，将音乐以1：10甚至1：12的压缩率，压缩成容量较小的文件，换句话说，能够在音质损失很小的情况下把文件压缩到更小的程度。

对于追求体积小、音质好的Flash MTV来说，MP3是最理想的格式，它的取样与编码的技术优异，虽然经过了破坏性的压缩，但是其音质仍然大体接近CD的水平。

MP3格式有以下几个特点。

- MP3是一个数据压缩格式。
- 它丢弃掉脉冲编码调制（PCM）音频数据中对人类听觉不重要的数据，类似于JPEG的有损图像压缩方式，从而获得比原文件小得多的文件。
- MP3音频可以按照不同的位速进行压缩，提供在数据大小和声音质量之间进行权衡的一个范围。MP3格式使用混合的转换机制将时域信号转换成频域信号。
- MP3不仅有广泛的用户端软件支持，还有很多的硬件支持，如便携式媒体播放器（指MP3播放器）、DVD和CD播放器等。

2. WAV 格式

WAV为微软公司开发的一种声音文件格式，是录音时使用的标准的Windows文件格式，文件的扩展名为".wav"，数据本身的格式为PCM或压缩型，属于无损音乐格式的一种。

WAV文件作为最经典的Windows多媒体音频格式，应用非常广泛，它使用3个参数来表示声音：采样位数、采样频率和声道数。

WAV音频格式的优点包括简单的编/解码（几乎直接存储来自模/数转换器（ADC）的信号）、普遍的认同/支持以及无损耗存储。WAV格式的主要缺点是需要较大的音频存储空间，对于小的存储限制或小带宽应用而言，这可能是一个重要的问题。因此，在Flash MTV中并没有得到广泛的应用。

> ✅**知识点拨** 在制作MV或游戏时，调用声音文件需要占用一定数量的磁盘空间和随机存取存储器空间，用户可以使用比WAV或AIFF格式压缩率高的MP3格式的声音文件，这样可以减小作品体积，提高作品下载的传输速率。

3. AIFF 格式

AIFF是音频交换文件格式（Audio Interchange File Format）的英文缩写，是苹果公司开发的一种声音文件格式，被Macintosh平台及其应用程序所支持。AIFF是苹果计算机上的标准音频格式，属于QuickTime技术的一部分。

AIFF支持各种比特率、采样率和音频通道。常用于个人计算机及其他电子音响设备。AIFF支持ACE2、ACE8、MAC3和MAC6压缩，支持16位44.1kHz立体声。

8.1.2 声音的类型

在Flash中，支持的声音文件有两种类型：事件声音和流声音。下面分别介绍这两种声音类型的特点及应用。

1. 事件声音

事件声音必须下载完成才能播放，一旦开始播放，中间是不能停止的。事件声音可以用于制作单击按钮时出现的声音效果，也可以放在任意想要放置的地方。

在Flash中，关于事件声音需注意以下3点。

- 事件声音在播放之前必须完整下载。有些动画下载时间很长，可能是因为其声音文件过大而导致的。如果要重复播放声音，不必再次下载。
- 事件声音不论动画是否发生变化，都会独立地把声音播放完毕。如果播放另一声音时，也不会因此停止播放之前的声音，所以有时会干扰动画的播放质量，不能实现与动画同步播放。
- 事件声音不论长短，都能只插入到一个帧中去。

2. 流声音

流声音与动画的播放是同步的，所以只需要下载前几帧就可以开始播放了。流声音可以说是依附在帧上的，动画播放的时间有多长，流声音播放的时间就有多长。即使导入的声音文件还没有播完，也可以停止播放。

在Flash中，关于流声音需要注意以下两点。

- 流声音可以边下载边播放，所以不必担心出现因声音文件过大而导致下载时间过长的现象。因此，可以把流声音与动画中的可视元素同步播放。
- 流声音只能在它所在的帧中播放。

8.1.3 为对象导入声音

当用户准备好所需要的声音素材后，就可以通过导入的方法，将其导入库中或者舞台中，从而添加到动画中，以增强Flash作品的吸引力。

在Flash中，执行"文件"|"导入"|"导入到库"命令，打开"导入到库"对话框，从中选择音频文件，单击"打开"按钮，即可将音频文件导入到"库"面板中，并以一个"喇叭"的图标来来标识，如图8-1所示。

声音导入到"库"中之后，选中图层，只需将声音从"库"中拖入舞台中，即可添加到当前图层中。

图 8-1

> ✅**知识点拨** 用户可以执行"文件"|"导入"|"导入到舞台"命令，将音频文件导入到文档中。

8.1.4 在Flash中编辑声音

声音添加完成后，可以对声音的效果进行设置或编辑，例如剪裁、改变音量和使用Flash预置的多种声效对声音进行设置等，从而使其符合动画的要求。

对于导入的音频文件，可以通过"声音属性"对话框、"属性"面板和"编辑封套"对话框处理声音效果。

1. 设置声音属性

打开"声音属性"对话框，在该对话框中可以对导入的声音进行属性设置。在Flash中，打开"声音属性"对话框有以下3种方法。

- 在"库"面板中选择音频文件，然后双击"喇叭"图标 上。
- 在"库"面板中选择音频文件，右击，在弹出的快捷菜单中执行"属性"命令。
- 在"库"面板中选择音频文件，单击面板底部的"属性"按钮 。

在"声音属性"对话框中，可以查看音频文件的属性，对当前音频的压缩方式进行调整，也可以重命名音频文件，如图8-2所示。

图 8-2

2. 设置声音的同步方式

同步是设置声音的同步类型，即设置声音与动画是否同步播放。单击"属性"面板"声音"栏中的"同步"下拉列表，弹出如图8-3所示的下拉列表框，在"同步"下拉列表框中各选项的含义如下。

- **事件**：Flash的默认选项，选择该选项，必须等声音全部下载完毕后才能播放动画，声音开始播放，并独立于时间轴播放完整声音，即使影片停止也继续播放。一般在不需要控制声音播放的动画中使用。
- **开始**：该选项与事件选项的功能近似，若选择的声音实例已在时间轴上的其他地方播放过了，Flash将不会再播放该实例。

- **停止：** 可以使正在播放的声音文件停止。
- **数据流：** 将使动画与声音同步，以便在Web站点上播放。

3. 设置声音的重复播放

如果要使声音在影片中重复播放，可以在"属性"面板中设置声音重复或者循环播放。在"声音循环"下拉列表框中有两个选项，如图8-4所示。

- **重复：** 选择该选项，在右侧的文本框中可以设置播放的次数，默认是播放一次。
- **循环：** 选择该选项，声音可以一直不停地循环播放。

图 8-3

图 8-4

4. 设置声音的效果

在"效果"下拉列表框中可以选择为声音添加不同的效果。在"属性"面板"声音"栏中的"效果"下拉列表框中提供多种播放声音的效果选项，如图8-5所示。

在"效果"下拉列表框中各选项的含义如下。

- **无：** 不使用任何效果。
- **左声道/右声道：** 只在左声道或者右声道播放音频。
- **向右淡出：** 声音从右声道传到左声道。
- **向左淡出：** 声音从左声道传到右声道。
- **淡入：** 在声音的持续时间内逐渐增大声强。
- **淡出：** 在声音的持续时间内逐渐减小声强。
- **自定义：** 自己创建声音效果，选择该选项，弹出"编辑封套"对话框，在该对话框中编辑音频，如图8-6所示。

图 8-5

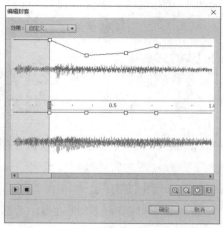
图 8-6

"编辑封套"对话框分为上下两个编辑区，上方代表左声道波形编辑区，下方代表右声道编辑区，在每一个编辑区的上方都有一条带有小方块的控制线，可以通过控制线调整声音的大小、淡出和淡入等。

"编辑封套"对话框中各选项的含义如下。

- **效果：** 在该下拉列表框中，用户可以设置声音的播放效果。
- **"播放声音"按钮▶和"停止声音"按钮■：** 可以播放或暂停编辑后的声音。
- **放大◉和缩小◉：** 单击其中一个按钮，可以使显示在窗口内的声音波形在水平方向放大或缩小。
- **秒◉和帧◉：** 单击该按钮，可以在秒和帧之间切换时间单位。
- **灰色控制条：** 拖曳上下声音波形之间刻度栏内的左右两个灰色控制条，可以截取声音片断。

> **❶注意事项** 如果向Flash中添加声音效果，最好导入16位的声音。如果RAM有限，就使用短的声音剪辑或8位声音。

8.1.5 动手练：歌曲排行榜

📚 **案例素材：** *本书实例/第8章/动手练/歌曲排行榜*

本案例以歌曲排行榜的制作为例，对声音在Flash中的应用进行介绍，具体操作过程如下。

步骤01 打开"歌曲排行榜素材.fla"文件，如图8-7所示。

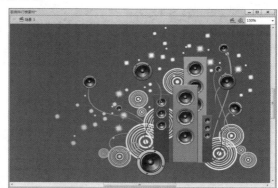

图 8-7

步骤02 新建按钮元件btn，在第四帧处插入空白关键帧，使用矩形工具绘制矩形，如图8-8所示。

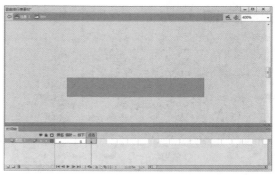

图 8-8

步骤03 新建影片剪辑元件"菜单"，将图层1重命名为"标题"，选择文字工具，在舞台上输入文本，如图8-9所示。

步骤 04 新建按钮图层，将库中的按钮元件拖入舞台并复制，在属性面板中，分别设置实例的名称为btn1~btn4，如图8-10所示。

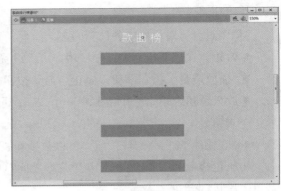

图 8-9   图 8-10

步骤 05 新建内容图层，使用直线工具绘制图形并填充颜色，将其复制并对齐，然后将库中的音符元件拖入舞台中，调整位置，如图8-11所示。

步骤 06 使用文字工具，在编辑区中输入文本。设置文本大小与样式，如图8-12所示。

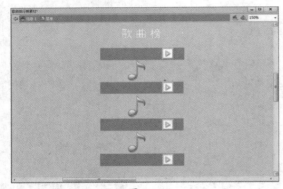
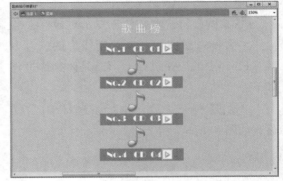

图 8-11   图 8-12

步骤 07 返回场景1，在背景图层上方新建菜单图层，将元件"菜单"拖入舞台中的合适位置，如图8-13所示。

步骤 08 选择元件，在属性面板中设置实例名称为list，如图8-14所示。

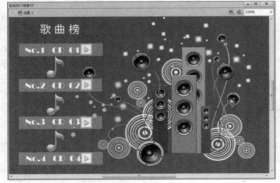

图 8-13   图 8-14

步骤 **09** 在菜单图层上方新建AS图层，选择第1帧，打开动作面板，为其添加相应的控制脚本，如图8-15所示。

步骤 **10** 保存文件，按Ctrl+Enter组合键对动画进行测试，效果如图8-16所示。

图 8-15

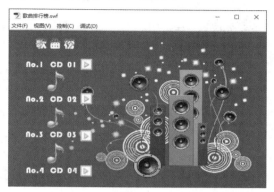

图 8-16

8.2 声音的优化与输出

在Flash动画中加入声音可以极大地丰富动画的表现效果，但是如果声音不能很好地与动画衔接，或者声音文件太大影响Flash的运行速度，效果就会大打折扣。所以此时就应当对声音进行优化与压缩来调节声音品质和文件大小，以达到最佳平衡。

8.2.1 优化声音

当用户把Flash文件导入网页中时，由于网速的限制，不得不考虑Flash动画的大小。打开"声音属性"对话框，在该对话框的"压缩"下拉列表框中包含"默认""ADPCM""MP3""Raw"和"语音"5个选项，如图8-17所示，下面分别进行介绍。

- **默认**：选择"默认"压缩方式，将使用"发布设置"对话框中的默认声音压缩设置。
- **ADPCM**：ADPCM压缩适用于对较短的事件声音进行压缩，可以根据需要设置声音属性，例如鼠标单击音这样的短事件音，一般选用该压缩方式。
- **MP3**：MP3压缩一般用于压缩较长的流式声音，它的最大特点是接近于CD的音质。
- **Raw**：Raw压缩选项导出的声音文件是没有经过压缩的。
- **语音**：该压缩选项是一种特别适合于语音的压缩方式导出声音。

图 8-17

8.2.2 输出声音

音频的采样率、压缩率对输出动画的声音质量和文件大小起着决定性作用。要得到更好的声音质量，必须对动画声音进行多次编辑。压缩率越大，采样率越低，文件的体积就会越小，但是质量也更差，用户可以根据实际需要对其进行更改。

在Flash中，输出声音的具体操作步骤如下。

步骤 01 打开"库"面板，选择库中的音频文件，打开"声音属性"对话框，如图8-18所示。

步骤 02 在"压缩"下拉列表框中选择压缩格式，设置参数，如图8-19所示。

步骤 03 单击"测试"按钮测试音频效果，最后单击"确定"按钮完成声音的输出设置。

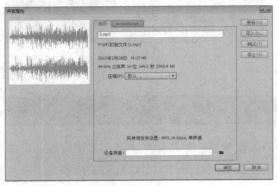

图 8-18

图 8-19

8.3 在Flash中导入视频

在Flash中不仅可以导入图像素材，还可以导入视频。视频是图像的有机序列，是多媒体的重要要素之一。在Flash中使用视频时，可以进行导入、裁剪等操作，还可以控制播放进程，但是不能修改视频中的具体内容。例如，导入一段视频，可以修改它的时间起点、时间终点和显示区域，但是不能改变画面中的文字和人物。

8.3.1 Flash支持的视频类型

Flash是一种功能非常强大的工具，可以将视频镜头融入基于Web的演示文稿。如果用户系统中安装了QuickTime 4及更高版本（Windows或Macintosh）或DirectX 7及更高版本（仅限Windows），则可以导入多种格式的视频剪辑，包括MOV（QuickTime影片）、AVI（音频视频交叉文件）和MPG/MPEG（运动图像专家组文件）等格式；也可以导入MOV格式的链接视频剪辑；还可以将带有嵌入视频的Flash文档发布为SWF文件，带有链接视频的Flash文档必须以QuickTime格式发布。

为了大多数计算机考虑，使用Sorenson Spark编/解码器编码FLV文件是明智之选。FLV是Flash video的简称，FLV流媒体格式是一种新的视频格式。由于它生成的文件极小，加载速度快，有效地解决了视频文件导入Flash后，使得导出的swf文件体积庞大，不能在网络上很好使用的缺点。

FLV和F4V(H.264)视频格式具备技术和创意优势，允许用户将视频、数据、图形、声音和交互式控制融为一体。FLV或F4V视频使用户可以轻松地将视频以任何人都可以查看的格式放在网页上。

注意事项 若加载的视频格式不对，必须先转换格式，一般转换为".fla"格式。

8.3.2 导入视频文件

在Flash中，用户可以通过一个引导过程选择并导入现有视频文件，以便在三种不同的视频回放方案中使用。执行"文件"|"导入"|"导入视频"命令，打开"导入视频"对话框，如图8-20所示。

"导入视频"对话框提供3个视频导入选项，各选项的含义如下。

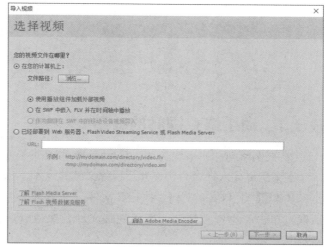

图 8-20

1. 使用播放组件加载外部视频

导入视频并创建FLVPlayback组件的实例来控制视频回放。将Flash文档作为SWF文件发布并上传到Web服务器时，还必须将视频文件上传到Web服务器或Flash Media Server，并按照已上传视频文件的位置配置FLVPlayback组件。

2. 在 SWF 中嵌入 FLV 或 F4V 并在时间轴中播放

将FLV或F4V嵌入到Flash文档中。这样导入视频时，该视频放置于时间轴中，可以看到时间轴所表示的各个视频帧的位置。嵌入的FLV或F4V视频文件成为Flash文档的一部分，可以使此视频文件与舞台上的其他元素同步，但是也可能会出现声音同步的问题，同时SWF文件的大小会增加。一般来说，品质越高，文件的大小也就越大。

3. 作为捆绑在 SWF 中的移动设备视频导入

与在Flash文档中嵌入视频类似，将视频绑定到Flash Lite文档中以部署到移动设备。若要使用此功能，必须使用Flash Lite 2.0或更高版本。

下面以案例的方式介绍导入视频的操作方法。

8.3.3 处理导入的视频文件

视频文档导入到文档中，选择舞台上嵌入或链接的视频剪辑。在"属性"面板中就可以查看视频文件的名称、在舞台上的像素尺寸和位置，如图8-21所示。

使用"属性"面板可以为视频剪辑设置新的名称，调整位置及大小。也可以使用当前影片中的其他视频剪辑替换被选视频。用户还可以通过"组件参数"选项，对导入的视频进行设置，如图8-22所示。

图 8-21

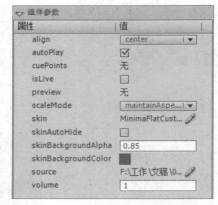

图 8-22

8.3.4　动手练：视频的应用

📗 **案例素材：本书实例/第8章/动手练/视频的应用**

本案例以导入视频为例，介绍视频文件的导入，具体操作如下。

步骤01 打开Flash文档，执行"文件"|"导入"|"导入视频"命令，打开"导入视频"对话框，单击"浏览"按钮，选择视频文件，保持默认设置，单击"下一步"按钮，如图8-23所示。

步骤02 进入"设定外观"选项卡，在此可以设置视频的外观和播放器的颜色，单击"下一步"按钮，如图8-24所示。

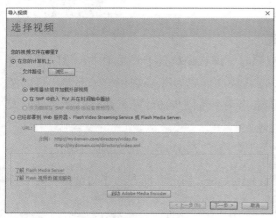

图 8-23

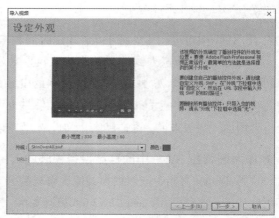

图 8-24

步骤03 进入"完成视频导入"选项卡，显示视频的位置及其他信息，单击"完成"按钮，如图8-25所示。

步骤04 完成数据的获取，将视频导入当前文档中，在"属性"面板中设置视频的位置和大小，如图8-26所示。

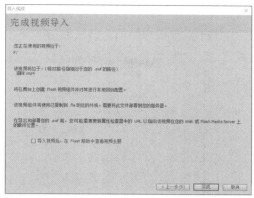

图 8-25　　　　　　　　　　　　　　　　　　　　图 8-26

步骤 05 保存文件，按Ctrl+Enter键预览视频，效果如图8-27所示。

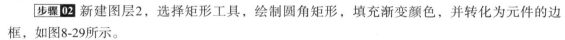

图 8-27

8.4 综合实战：视频播放器

📎 **案例素材**：本书实例/第8章/案例实战/视频播放器

本案例以视频播放器的制作为例，介绍元件的创建和视频文件的导入，具体操作过程
如下。

步骤 01 打开"视频播放器素材.fla"文件，将库中的背景元件拖入舞台，如图8-28所示。

步骤 02 新建图层2，选择矩形工具，绘制圆角矩形，填充渐变颜色，并转化为元件的边
框，如图8-29所示。

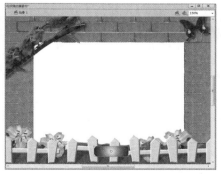

图 8-28　　　　　　　　　　　　　　　　　　　　图 8-29

步骤 03 新建元件"播放按钮"，选择椭圆工具，在图层1的第1帧处绘制图像，填充颜色，

如图8-30所示。

步骤 04 新建图层2，选择直线工具，绘制形状并填充颜色（白色），如图8-31所示。

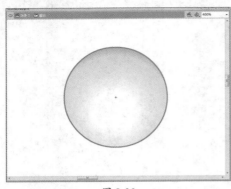
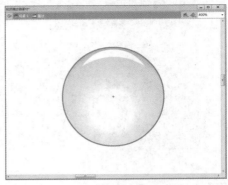

图 8-30   图 8-31

步骤 05 新建图层3，选择直线工具，绘制形状并填充颜色（黑色），删除边线，如图8-32所示。

步骤 06 在图层1、3的第2、3、4帧处插入关键帧，在关键帧处调整形状的颜色，在图层2的第4帧处插入普通帧，如图8-33所示。

图 8-32   图 8-33

步骤 07 新建元件"暂停按钮"，选择矩形工具，在图层1的第1帧处绘制矩形形状，并在第3帧处插入普通帧，如图8-34所示。

步骤 08 新建图层2，在第2帧处插入空白关键帧，选择直线工具绘制形状，填充颜色为白色，设置Alpha值为50%，并在第4帧关键帧处插入普通帧，如图8-35所示。

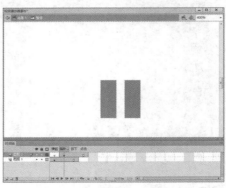

图 8-34   图 8-35

步骤09 使用相同的方法，制作元件"停止按钮"，如图8-36所示。

步骤10 新建影片剪辑元件"播放2"，将元件"播放按钮"拖入舞台，新建图层2，打开动作面板，为其添加相应的控制脚本，如图8-37所示。

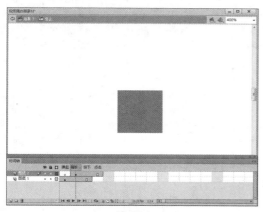

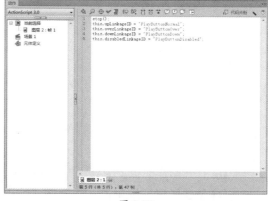

图 8-36   图 8-37

步骤11 新建影片剪辑元件"停止2"，将元件"停止按钮""暂停按钮"拖入舞台，如图8-38所示。

步骤12 新建图层AS，打开动作面板，在第1帧处添加控制脚本，如图8-39所示。

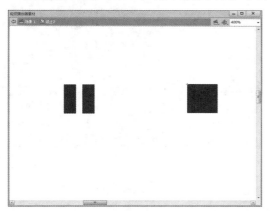

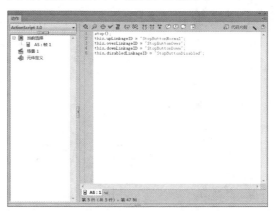

图 8-38   图 8-39

步骤13 返回场景1，在背景图层下面新建视频图层，导入视频文件，在属性面板中修改实例名称，调整其位置与大小，如图8-40所示。

图 8-40

步骤 14 在图层2上方新建图层"按钮1"，将库中的元件"播放2"拖入舞台，在属性面板中修改实例名称，调整位置，如图8-41所示。

图 8-41

步骤 15 打开动作面板，为其添加控制脚本，如图8-42所示。

步骤 16 新建图层"按钮2"，将元件"停止2"拖入舞台，然后修改其实例名称，并为其添加控制脚本，如图8-43所示。

图 8-42

图 8-43

步骤 17 保存该文件，并按Ctrl+Enter组合键对动画进行测试，效果如图8-44所示。

图 8-44

8.5 课后练习

1. 填空题

（1）在Flash中，支持的声音格式有＿＿＿＿＿＿、＿＿＿＿＿＿和AIFF（仅限苹果计算机）格式。

（2）＿＿＿＿＿＿声音必须下载完成才能播放，一旦开始播放，中间是不能停止的。

（3）音频的＿＿＿＿＿＿、＿＿＿＿＿＿对输出动画的声音质量和文件大小起决定性作用。

（4）由于FLV流媒体格式形成的文件＿＿＿＿＿＿，加载速度＿＿＿＿＿＿，有效地解决了视频文件导入Flash后使导出的swf文件体积庞大的缺点。

（5）对于导入的音频文件，可以通过＿＿＿＿＿＿、"属性"面板等处理声音效果。

2. 选择题

（1）如果系统已经安装了QuickTime4或更高版本，在下列选项中不能直接导入的声音格式是（　　　）。

A. MP3　　　　　　B. WAV　　　　　　C. AIFF　　　　　　D. MIDI

（2）在声音的同步方式中（　　　）方式与事件方式基本相同，但若声音正在播放，则不会播放新的声音实例。

A. 数据流　　　　　B. 开始　　　　　　C. 停止　　　　　　D. 帧频流

（3）在导出较长的音频流，如乐曲时，最好使用（　　　）压缩方式。

A. 默认　　　　　　B. ADPCM　　　　　C. MP3　　　　　　D. 原始

（4）（　　　）压缩一般用于压缩较长的流式声音，它的最大特点就是接近于CD的音质。

A. ADPCM　　　　　B. MP3　　　　　　C. RAW　　　　　　D. 语音

3. 操作题

通过本章的学习，能够制作如图8-45所示的音乐播放列表。

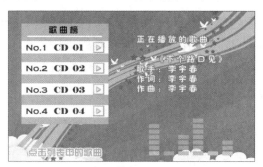

图 8-45

操作提示：

步骤 01 绘制歌曲列表。

步骤 02 利用逐帧动画制作音效。

步骤 03 添加控制脚本。

步骤 04 添加外部音乐文件。

Flash

第 9 章
组件的
应用

Flash软件中拥有已经制作好的很多组件，利用这些组件可以很快制作出带有交互性质的动画。如页面上常有的问卷调查和选择性问答等。使用组件可以使程序设计与软件界面设计分离，提高代码的可复用性。

✎ 要点难点

- 了解组件的作用和类型
- 掌握预览查看组件的方法
- 掌握添加和删除组件的方法
- 掌握常见UI组件的应用方法

9.1 组件的基本操作

组件是带有参数的影片剪辑，这些参数可以修改组件的外观和行为。用户在浏览网页时，尤其是在填写注册表时，经常会见到Flash制作的单选按钮、复选框以及按钮等元素，这些元素便是Flash中的组件。

9.1.1 组件的类型

使用组件可以将应用程序的设计过程和编码分开。通过使用组件，开发人员可以创建设计人员在应用程序中能用到的功能。开发人员可以将常用功能封装到组件中，而设计人员只需通过更改组件的参数来自定义组件的大小、位置和行为。

在Flash中，常用的组件包含以下5种类型。

- **选择类组件：** 在制作一些用于网页的选择调查类文件时，选择类文件制作较为复杂。Flash中预置了Button、CheckBox、RadioButton和NumerirStepper 4种常用的选择类组件。

- **文本类组件：** 虽然Flash具有功能强大的文本工具，但是利用文本类组件可以更加快捷、方便地创建文本框，并且可以载入文档数据信息。Flash中预置了Label、TextArea和TextInput 3种常用的文本类组件。

- **列表类组件：** Flash作为一种工具软件，为了直观地组织同类信息数据，方便用户选择，Flash根据不同的需求预置了不同方式的列表组件，包括ComboBox、DataGrid和List 3种列表类组件。

- **文件管理类组件：** 文件管理类组件可以对Flash中的多种信息数据进行有效的归类管理，其中包括Accordion、Menu、MenuBar和Tree4种。

- **窗口类组件：** 使用窗口类组件可以制作类似于Windows操作系统的窗口界面，如带有标题栏和滚动条的资源管理器、警告提示对话框等。窗口类组件包括Alert、Loader、ScrollPane、Window、UIScrollBar和ProgressBar。

9.1.2 添加和删除组件

在了解了组件的一些基本知识外，接下来学习组件的添加与删除操作。

1. 组件的添加

组件的添加操作很简单，执行"窗口"|"组件"命令，打开"组件"面板，如图9-1所示。从中选择组件类型后，将其拖曳至"库"面板或舞台即可。

2. 组件的删除

组件的删除操作有两种，具体如下。

- 在"库"面板中，选择要删除的组件，右击，在弹出的

图 9-1

快捷菜单中执行"删除"命令，或者按下Delete键直接删除。
- 选择要删除的组件，单击"库"面板底部的"删除"按钮 🗑，或将组件拖至"删除"按钮 🗑 上。

9.1.3　设置组件实例的大小

动态预览模式使动画制作者在制作时能够看到组件发布后的外观，并反映出不同组件的不同参数。在Flash中，使用默认启用的"实时预览"功能，可以在舞台上查看组件将在发布的Flash内容中的近似大小和外观。

在Flash中，组件不会自动调整大小以适合其标签。如果添加到文档中的组件实例不够大，而无法显示其标签，就会将标签文本剪切掉。此时，用户必须调整组件大小以适合其标签。

如果使用任意变形工具或动作脚本中的"_width"和"_height"属性来调整组件实例的度宽和高度，则可以调整该组件的大小，但是组件内容的布局依然保持不变，这将导致组件在影片回放时发生扭曲。此时，可以通过使用从任意组件实例中调用setSize()方法来调整其大小。例如下面的代码为将一个List组件实例的大小调整为宽200像素、高300像素：

```
aList.setSize(200,300);
```

9.2　选择类组件

常用的选择类组件包括RadioButton和CheckBox。

9.2.1　RadioButton组件

RadioButton（单选按钮）组件强制用户只能选择一组选项中的一项。该组件必须用于至少有两个RadioButton实例的组。在任何给定的时刻，都只有一个组成员被选中。选择组中的某个单选按钮将取消组内当前选中的单选按钮。

单选按钮是Web页面上许多表单应用程序的基础部分。如果需要用户从一组选项中做出一个选择，可以使用单选按钮。利用UI组件中的RadioButton可以创建多个单选按钮，如图9-2所示。在图9-3所示的"属性"面板中可设置组件的参数。

图 9-2

图 9-3

其中各主要参数的含义如下。

- **enabled：**用于控制组件是否可用。
- **groupName：**指定该单选项所属的单选按钮组，该参数相同的单选按钮是一组，而且在一组单选按钮中只能选择一个单选项。
- **label：**设置按钮上的文本值，默认值是"Radio Button"（单选按钮）。
- **labelPlacement：**确定单选项旁边标签文本的方向，包括left、right、top或bottom 4个选项，默认值为right。
- **selected：**确定单选项的初始状态为被选中（true）或取消选中（false），默认值为false。被选中的单选按钮中会显示一个圆点。一个组内只有一个单选项可以被选中。
- **value：**一个文本字符串数组，为label参数中的各项目指定相关联的值，没有默认值。
- **visible：**决定对象是否可见。

9.2.2 CheckBox组件

CheckBox（复选框）组件是一个可以选中或取消选中的方框，利用复选框可以同时选取多个项目。被选中后框中会出现一个选中标记√。可以为CheckBox添加一个文本标签，标签可以放在CheckBox的左侧、右侧、上面或下面。

CheckBox属于一种选择类的组件，该组件常用于网页中的一些选项，如一些调查问卷中的选项。CheckBox组件支持单选和多选。打开"组件"面板，选择CheckBox组件，将其拖入舞台即可，效果如图9-4所示。在CheckBox组件实例所对应的"属性"面板中可调整组件参数，如图9-5所示。

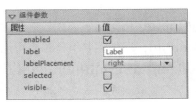

图 9-4   图 9-5

该面板中各参数选项含义如下。

- **enabled：**用于控制组件是否可用。
- **label：**用于确定复选框旁边的显示内容。默认值为Label。
- **label Placement：**用于确定复选框上标签文本的方向，包括4个选项：left、right、top和bottom，默认值是right。
- **selected：**用于确定复选框的初始状态为选中或未选中。被选中的复选框中会显示√。
- **visible：**用于决定对象是否可见。

9.3 文本类组件

常用的文本类组件包括TextArea、TextInput等，这些组件支持用户输入文本，以实现交互效果。

9.3.1 TextArea组件

TextArea（文本域）组件是一个多行文字字段，具有边框和选择性的滚动条。在需要多行文本字段的任何地方都可使用TextArea组件。TextArea组件的属性允许用户在运行时设置文本内容、格式以及水平和垂直位置。用户也可以指明该字段是否可编辑，以及该字段是否为"密码"字段。用户还可以限制可以输入的字符。

TextArea组件是一个输入文字的区域，应用广泛，可用于教学课件和网络文章等。打开"组件"面板，选择TextArea组件，将其拖入舞台即可，效果如图9-6所示。在TextArea组件实例所对应的"属性"面板中可调整组件参数。如图9-7所示。

图 9-6 图 9-7

该面板中各主要参数含义如下。

- **editable**：用于指示该字段是否可编辑。
- **enabled**：用于控制组件是否可用。
- **horizontalScrollPolicy**：用于指示水平滚动条是否打开。该值可以为on（显示）、off（不显示）或auto（自动），默认值为auto。
- **maxChars**：文本区域最多可以容纳的字符数。
- **restrict**：用户可在文本区域中输入的字符集。
- **text**：TextArea组件的文本内容。
- **verticalScrollPolicy**：用于指示垂直滚动条是否打开。该值可以为on（显示）、off（不显示）或auto（自动），默认值为auto。
- **wordWrap**：用于控制文本是否自动换行。

9.3.2 TextInput组件

TextInput即输入文本组件，在测试动画时，用户可以根据需要输入相应的内容。TextInput组件是单行文本组件，如果需要单行文本字段，那么就使用TextInput组件。

TextInput组件常用于用户填一些信息的表格中，例如网络的调查问卷、网络中注册个人信息等。打开"组件"面板，选择TextInput组件，将其拖入舞台即可，效果如图9-8所示。在TextInput组件实例所对应的"属性"面板中可调整组件参数，如图9-9所示。

图 9-8

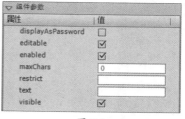

图 9-9

该面板中主要的参数选项含义如下。

- **editable：**用于指示该字段是(true)否(false)可编辑。
- **password：**用于指示该文本字段是否为需要隐藏输入字符的密码字段。
- **text：**用于设置TextInput组件的文本内容。
- **maxChars：**用户可以在文本字段中输入的最大字符数。
- **restrict：**指明用户可以在文本字段输入哪些字符。

9.3.3 动手练：李白诗集

📖 **案例素材：**本书实例/第9章/动手练/李白诗集

本案例以李白诗集的制作为例，对TextArea组件进行介绍，具体操作如下。

步骤 01 打开素材文件，将库中元件"背景"作为背景图片拖入舞台，在第5帧插入帧。在"图层1"上方新建"图层2"，将TextArea组件拖入舞台，效果如图9-10所示。

步骤 02 在"图层2"上方新建"图层3"，在第1~5帧插入关键帧，使用文本工具 **T**，分别在各关键帧中的TextArea内部输入古诗词，图9-11所示为第1帧中的内容。

图 9-10

图 9-11

步骤 03 在"图层3"上方新建"图层4"，使用文本工具输入文字，为文本添加"模糊"和"发光"滤镜，效果如图9-12所示。

步骤 04 在"图层4"上方新建"图层5"，在第1~5帧插入关键帧，打开"组件"面板，在第1~4帧分别将Button组件拖入舞台，第1~4帧中设置Button组件的值为"下一页"，第5帧中设置Button组件的值为"返回首页"。效果如图9-13所示。依次定义第1~5帧中的Button组件名称为b1、b2、b3、b4和back。

图 9-12   图 9-13

步骤 05 在"图层5"上方新建"图层6"，选择第1帧，打开"动作"面板，输入代码，如图9-14所示。

步骤 06 使用相同的方法，在"图层6"的其他帧插入关键帧，并添加代码，图9-15所示为第2帧中的代码，用户更改实例名称及跳转帧即可。

图 9-14   图 9-15

步骤 07 在"图层6"上方新建"图层7"，将库中"音乐"拖入舞台，为其添加背景音乐。至此，李白诗集制作完成，保存并进行测试，效果如图9-16所示。

图 9-16

9.4 列表类组件

　　常用的列表类组件包括List、ComboBox等，这些组件支持创建可选择的列表，便于用户选择。

9.4.1 List组件

　　List（列表框）组件是一个可滚动的单选或多选列表框，并且还可显示图形及其他组件。List组件和ComboBox组件的事件和属性大多一样，不同之处就在于ComboBox组件是单行下拉滚动，而List组件是平铺滚动。

　　List组件通常用于一些选择查看内容。打开"组件"面板下的User Interface类，在其中选择List组件，将其拖入舞台即可，效果如图9-17所示。在组件实例所对应的"属性"面板中可调整组件参数。如图9-18所示。

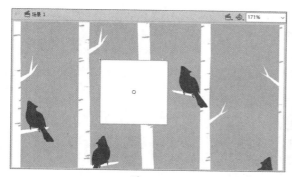

图 9-17

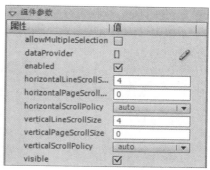

图 9-18

该面板中各参数选项含义如下。

- **allowMultipleSelection**：用于确定是否可以选择多个选项。选中表示可以选择多个选项，取消选中则不能选择多个选项。

- **dataProvider**：用于填充列表数据的值数组。它是一个文本字符串数组，为label参数中的各项目指定关联值。其内容应与labels完全相同，单击该参数右侧的 ∕ 按钮，将打开"值"对话框，单击+按钮可添加文本字符串。

- **enabled**：用于控制组件是否可用。

- **horizontalLineScrollSize**：用于确定每次按下滚动条两边的箭头按钮时水平滚动条移动多少个单位，默认值为4。

- **horizontalPageScrollSize**：用于指明每次单击轨道时水平滚动条移动多少个单位，默认值为0。

- **horizontalScrollPolicy**：用于确定是否显示水平滚动条。该值可以为on（显示）、off（不显示）或auto（自动），默认值为auto。

- **verticalLineScrollSize**：用于指明每次按下滚动条两边的箭头按钮时垂直滚动条移动多少个单位，默认值为4。

- **verticalPageScrollSize**：用于指明每次单击轨道时垂直滚动条移动多少个单位，默认值为0。
- **verticalScrollPolicy：** 用于确定是否显示垂直滚动条。该值可以为on（显示）、off（不显示）或auto（自动），默认值为auto。
- **visible：** 用于决定对象是否可见。

9.4.2 ComboBox组件

ComboBox（下拉列表框）组件与对话框中的下拉列表框类似，单击右边的下拉按钮，即可弹出相应的下拉列表，供用选择需要的选项。例如用户可以在客户地址表单中提供一个省的下拉列表。对于比较复杂的情况，可以使用可编辑的ComboBox。如在提供驾驶方向的应用程序中，用户可以使用一个可编辑的ComboBox组件，以允许用户输入出发地址和目标地址，下拉列表可以包含用户以前输入过的地址。

ComboBox由三个子组件构成：BaseButton、TextInput和List组件。打开"组件"面板，选择ComboBox组件，将其拖入舞台即可，效果如图9-19所示。在ComboBox组件实例所对应的"属性"面板中可调整组件参数，如图9-20所示。

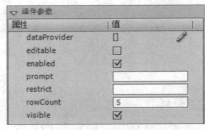

图 9-19　　　　　　　　　　　　　　　　　　图 9-20

该面板中的主要参数含义如下。
- **dataProvider：** 用于将一个数据值与ComboBox组件中的每个项目相关联。
- **editable：** 用于决定用户是否可以在下拉列表框中输入文本。
- **rowCount：** 用于确定在不使用滚动条时最多可以显示的项目数，默认值为5。

下面通过具体实例介绍该组件的使用方法。

9.4.3 动手练：信息登记表

📖 **案例素材：** 本书实例/第9章/动手练/信息登记表

本案例以信息登记表的制作为例，介绍ComboBox组件的应用，具体操作如下。

步骤01 打开"信息登记表素材.fla"文件，执行"窗口"|"组件"命令，打开"组件"面板，选择ComboBox组件，将其拖至"库"面板中，如图9-21所示。

步骤02 将库中元件"1.jpg"作为背景图片拖入舞台。并在"图层1"上新建"图层2"，将库中"元件1"和"元件2"拖入舞台，效果如图9-22所示。

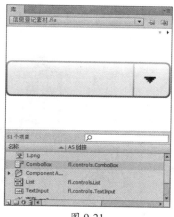

图 9-21   图 9-22

步骤 03 在"图层2"上新建"图层3",使用文本工具 **T** 输入文字,如图9-23所示。

步骤 04 在"图层3"上新建"图层4",将库中ComboBox组件拖入舞台文字右侧的对应位置,并设置其实例名称从上至下依次为xb、nl、kw和zb。打开"组件"面板,将Button组件拖入舞台下方,如图9-24所示。为button组件命名为tj。

图 9-23   图 9-24

步骤 05 分别打开各ComboBox组件的"属性"面板,单击dataProvider后的 按钮,在打开的对话框中单击 按钮,输入文字,如图9-25所示。

图 9-25

步骤 06 在"图层4"上新建"图层5",在第1帧处打开"动作"面板,在"动作"面板中输入相应的动作代码,如图9-26所示。

步骤07 选择"图层1"的第2帧插入帧，选择"图层2"的第2帧插入关键帧，将舞台上的"元件1"删除，效果如图9-27所示。

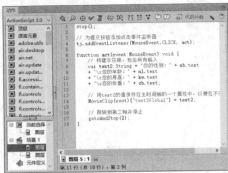

图 9-26　　　　　　　　　　　图 9-27

步骤08 选择"图层3"的第2帧插入空白关键帧。使用文本工具输入文字。在"图层4"的第2帧插入空白关键帧，打开组件面板，将其中的TextArea组件拖入舞台，如图9-28所示。定义其实例名称为finals。

步骤09 将库中Button组件拖入舞台下方。在其属性面板的label输入框中输入文字，如图9-29所示。定义其名称为sx。

图 9-28　　　　　　　　　　　图 9-29

步骤10 在"图层5"的第2帧插入空白关键帧，打开"动作"面板，输入代码，如图9-30所示。

步骤11 在"图层5"上新建"图层6"，将库中元件"声音.mp3"拖入舞台，在第2帧插入帧。在"属性"面板中，将声音设置为"开始""循环"，如图9-31所示。

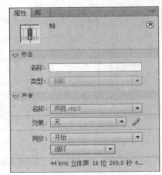

图 9-30　　　　　　　　　　　图 9-31

步骤 12 至此，信息登记制作完成，保存并进行测试，制作效果如图9-32所示。

图 9-32

9.5 其他类组件

除了以上组件，还有一些常用组件，如UIScrollBar组件，它允许用户将滚动条添加到文本字段中。可以在创作时将滚动条添加到文本字段中，也可以通过ActionScript在运行时实现。如果滚动条的长度小于两个滚动箭头的总长度，则滚动条无法正确显示。其中一个箭头按钮会被另一个遮挡。

UIScrollBar组件可以添加到文本字段、图形图像中。打开"组件"面板，选择UIScrollBar组件，将其拖入舞台即可，效果如图9-33所示。在UIScrollBar组件实例所对应的"属性"面板中调整组件参数。如图9-34所示。

图 9-33

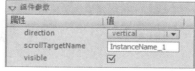

图 9-34

该面板中各参数含义如下。

- **direction**：用于确定UIScrollBar组件方向是横向还是纵向。
- **scrollTargetName**：用于设置滚动条的目标名称。
- **visible**：用于控制UIScrollBar组件是否可见。

9.6 综合实战：调查问卷

📖 **案例素材**：本书实例/第9章/案例实战/调查问卷

本案例以调查问卷的制作为例，对不同类型的组件的应用进行介绍，具体操作过程如下。

步骤01 打开素材文件，将库中元件"背景"拖入舞台，在第2帧插入帧，在"图层1"上新建"图层2"，使用文本工具 **T** 在舞台中输入文字，如图9-35所示。

步骤02 将"图层2"上的第2帧插入空白关键帧，使用文本工具 **T** 在舞台中输入文字，如图9-36所示。

图 9-35

图 9-36

步骤03 在"图层2"上新建"图层3"，使用文本工具 **T** 在舞台中输入文字，如图9-37所示。

步骤04 在第2帧插入空白关键帧，将库中Button组件拖入舞台下方，并设置其值为"重新填写"，实例名称为again，效果如图9-38所示。

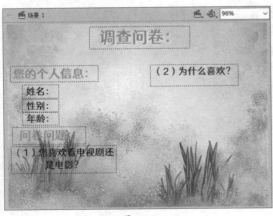

图 9-37

图 9-38

步骤05 在"图层3"上新建"图层4"，将TextInput组件、ComboBox组件、CheckBox组件及Button组件拖入舞台中合适位置，在"属性"面板分别调整这些组件的属性，效果如图9-39所示。在第2帧插入空白关键帧。

步骤06 在"图层4"上新建"图层5"，选择第1帧，打开"动作"面板，输入代码，如

图9-40所示。

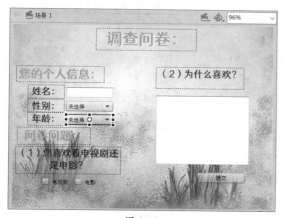

图 9-39

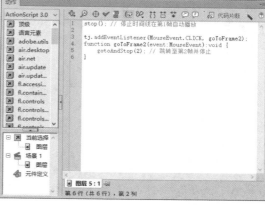

图 9-40

步骤 07 在第2帧插入空白关键帧，打开"动作"面板，输入代码，如图9-41所示。

步骤 08 在"图层5"上新建"图层6"。将库中元件"声音.mp3"拖入舞台。为该实例添加背景音乐，如图9-42所示。

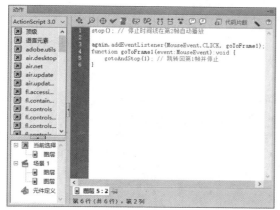

图 9-41

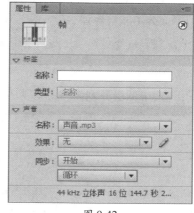

图 9-42

步骤 09 至此，调查问卷制作完成，保存并进行测试，效果如图9-43所示。

图 9-43

9.7 课后练习

1. 填空题

（1）利用_____面板或_____面板可以为相应的组件设置参数。

（2）利用_____组件可以创建下拉列表框。

（3）利用_____组件可以创建复选框。

（4）ScrollPane组件实例的_____参数用于决定能否用鼠标拖曳滚动窗格中的内容。

2. 选择题

（1）按下（　　　）组合键，可以打开"组件检查器"面板。

A. Ctrl+F7　　　　　　B. Alt+F7　　　　　　C. Ctrl+J　　　　　　D. Alt+D

（2）（　　　）参数不可以在CheckBox组件实例的"属性"面板中设置。

A. 复选框的标签　　　　　　　　　　B. 复选框标签文本的方向

C. 复选框的大小　　　　　　　　　　D. 复选框的实例名称

（3）用（　　　）参数可以设置Button组件实例的标签。

A. icon　　　　　　B. selected　　　　　　C. labelPlacement　　　D. label

（4）ComboBox组件是一种（　　　）。

A. 下拉列表框组件　　B. 滚动条组件　　　　C. 列表框组件　　　　D. 按钮组件

3. 操作题

利用Flash中的组件制作一个新颖的桌面日历，如图9-44所示。

图 9-44

操作提示：

步骤 01 准确地使用Flash中的组件（DateChooser组件）。

步骤 02 恰当地设置组件参数。

步骤 03 设置动画背景，使该画面更加美观。

步骤 04 尝试为该动画添加背景音乐。

Flash

第 10 章
动画的
输出与发布

当一个动画制作完成后，就要将该动画导出，供其他的应用程序使用，根据不同的应用需要，将动画发布为不同的文件。在发布和导出之前必须进行测试。Flash除了发布一些用于观看的动画格式以外，通常HTML和EXE文件在Flash中的使用也较为广泛。根据需要可以发布多种不同格式的文件，这也是Flash的强大之处。

要点难点

- 掌握Flash中的影片测试
- 了解Flash中如何优化影片
- 掌握Flash中HTML文件的发布
- 掌握Flash中EXE文件的发布

10.1 测试影片

通常测试影片有两种不同的方式，在测试环境中测试和在编辑模式中测试。这两种测试各有优点，下面进行详细介绍。

10.1.1 在测试环境中测试

在编辑模式中的测试是有限的，要评估影片、动作脚本或其他重要的动画元素，必须在测试环境中进行测试，即执行"控制"|"测试影片"命令，或按Ctrl+Enter组合键进行测试。这样通过直观地观看影片的效果，可以检测是否达到了设计要求。

该测试方式的优点是可以完整地测试影片，但是该方式只能完整地播放测试，不能单独选择某一段进行测试。

10.1.2 在编辑模式中测试

在编辑模式中可以进行一些简单的测试，可测试和不可测试的内容分别如下。

1. 可测试的内容

编辑模式中可以测试以下4种内容。

- **按钮状态：** 可以测试按钮在弹起、按下、触摸和单击状态下的外观。
- **主时间轴上的声音：** 播放时间轴时，可以试听放置在主时间轴上的声音（包括那些与舞台动画同步的声音）。
- **主时间轴上的帧动作：** 任何附着在帧或按钮上的goto、Play和Stop动作都将在主时间轴上起作用。
- **主时间轴上的动画：** 主时间轴上的动画（包括形状和动画过渡）起作用。这里说的主时间轴，不包括影片剪辑或按钮元件所对应的时间轴。

2. 不可测试的内容

编辑模式中不可以测试以下4种内容。

- **影片剪辑：** 影片剪辑中的声音、动画和动作将不可见或不起作用。只有影片剪辑的第1帧才会出现在编辑环境中。
- **动作：** 用户无法测试交互作用、鼠标事件或依赖其他动作的功能。
- **动画速度：** Flash编辑模式中的重放速度比最终优化和导出的动画慢。
- **下载性能：** 用户无法在编辑模式中测试动画的在线流式传输或下载性能。

编辑模式中的测试的优点是方便快捷，可以单独测试一段影片。但是有不可测试的内容。

10.2 优化影片

为了使其他用户在下载或播放影片时更加流畅，设计者应该事先对影片进行优化。本节将对其相关的知识内容进行介绍。

10.2.1 优化元素和线条

在Flash中，优化元素和线条时需要注意以下4点：

- 使用矢量线代替矢量色块图形，因为前者的数据量要少于后者。
- 限制使用特殊类型的线条数量，如短画线、虚线等。使用实线将使文件更小。
- 减少矢量图形的形状复杂程度，如减少矢量色块图形边数或矢量曲线的折线数。
- 避免过多地使用位图等外部导入对象，否则动画中的位图素材会使文件增大。

10.2.2 优化文本

优化文本时需要注意以下两点。

- 限制字体和字体样式的使用，过多地使用字体或字体样式，不但会增大文件的数据量，而且不利于作品风格的统一。
- 在嵌入字体选项中，选择嵌入所需的字符，而不要选择嵌入整个字体。

10.2.3 优化动画

优化动画时需要注意以下6点。

- 如果某元素在影片中多次使用，将其转换为元件，然后在文档中调用该元件的实例，这样在网上浏览时下载的数据会变少。
- 只要有可能，在动画中尽量避免使用逐帧动画，使用补间动画代替逐帧动画，因为补间动画的数据量大大少于逐帧动画，动画帧数越多差别越明显。
- 尽量避免使用位图做动画。
- 用层将动画播放过程中发生的元素同那些没有任何变化的元素分开。
- 制作动画序列时，将其制作为影片剪辑元件，而不要制作为图形元件。
- 如有音频文件，尽可能多地使用压缩效果最好的MP3格式的文件。

10.2.4 优化色彩

优化色彩时需要注意以下3点。

- 在对作品影响不大的情况下，减少渐变色的使用，而代之以单色。
- 限制使用透明效果，它会降低影片播放时的速度。
- 在创建实例的各种颜色效果时，应多使用实例的"颜色样式"功能。

10.3 发布影片

Flash中发布影片的功能相对较为丰富，用户可以根据实际情况将其发布为不同格式的文件。

10.3.1 发布为Flash文件

执行"文件"|"发布设置"命令，打开"发布设置"对话框，切换至Flash选项卡，如图10-1所示。

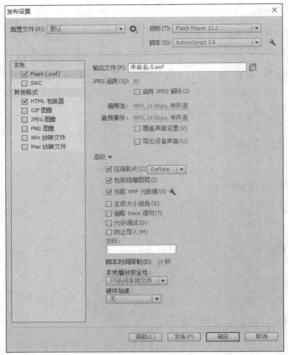

图 10-1

从"目标"下拉列表中选择播放器版本。请注意，并非所有Adobe Flash Professional的功能都能兼容低于Flash Player 10版本的SWF文件。

从"脚本"下拉列表中可以选择ActionScript版本。如果选择ActionScript 2.0或3.0并创建了类，则单击"ActionScript设置" 按钮来设置类文件的相对类路径，其他选项介绍如下。

1. 图像和声音

此处将对话框中图像和声音类选项归类到一起。

若要控制位图压缩，调整"JPEG品质"滑块或输入一个值。图像品质越低，生成的文件越小；图像品质越高，生成的文件越大。尝试不同的设置，以便确定文件大小和图像品质之间的最佳平衡点；值为100时图像品质最佳，压缩比最小。

- 若要使高度压缩的JPEG图像显得更平滑，应选中"启用JPEG解决"复选项。此选项可减少由于JPEG压缩导致的典型失真。
- 若要为SWF文件中的所有声音流或事件声音设置采样率和压缩，则应单击"音频流"

或"音频事件"右侧的链接，然后在打开的对话框中根据需要进行设置。

● 若要覆盖在属性检查器的"声音"部分中为个别声音指定的设置，则应选中"覆盖声音设置"复选项。

● 若要导出适合于设备（包括移动设备）的声音而不是原始库声音，则应选中"导出设备声音"复选项。

2. 高级

若要使用高级设置或启用对已发布Flash SWF文件的调试操作，选择下列任一选项。

1）压缩影片（默认选中）

压缩SWF文件以减小文件大小和缩短下载时间。当文件包含大量文本或ActionScript时，使用此选项十分有益。经过压缩的文件只能在Flash Player 6或更高版本中播放。

2）包括隐藏图层（默认选中）

导出Flash文档中所有隐藏的图层。取消选中"导出隐藏的图层"将阻止把生成的SWF文件中标记为隐藏的所有图层（包括嵌套在影片剪辑内的图层）导出。这样用户就可以通过使图层不可见来轻松测试不同版本的Flash文档。

3）包括XMP元数据

选择该选项，将导出XMP元数据。单击该选项右侧的"修改此文档的XMP元数据" 🔧 按钮，将打开"文件信息"对话框进行设置，用户也可以通过执行"文件"|"文件信息"命令打开"文件信息"对话框进行设置。

4）生成大小报告

生成一个报告，按文件列出最终Flash内容中的数据量。

5）省略trace语句

使Flash忽略当前SWF文件中的ActionScript trace语句。如果选择此选项，trace语句的信息将不会显示在"输出"面板中。

6）允许调试

激活调试器并允许远程调试Flash SWF文件。可让用户使用密码来保护SWF文件。如果用的是ActionScript 2.0，并且选择了"允许调试"或"防止导入"，则在"密码"文本字段中输入密码。如果添加了密码，则其他用户必须输入该密码才能调试或导入SWF文件。若要删除密码，清除"密码"文本字段即可。

7）防止导入

防止其他人导入SWF文件并将其转换回FLA文档，可使用密码来保护Flash SWF文件。

8）脚本时间限制

若要设置脚本在SWF文件中执行时可占用的最大时间量，可在"脚本时间限制"中输入一个数值，Flash Player将取消执行超出此限制的任何脚本。

9）本地播放安全性

在此可以选择要使用的Flash安全模型。指定是授予已发布的SWF文件本地安全性访问权，还是网络安全性访问权。"只访问本地文件"可使已发布的SWF文件与本地系统上的文件和资源交互，但不能与网络上的文件和资源交互。"只访问网络"可使已发布的SWF文件与网络上的文件和资源交互，但不能与本地系统上的文件和资源交互。

10）硬件加速

若要使SWF文件能够使用硬件加速，从"硬件加速"下拉列表中选择下列选项之一。

- **第1级–直接**："第1级-直接"模式通过允许Flash Player在屏幕上直接绘制，而不是让浏览器进行绘制，从而改善播放性能。
- **第2级–GPU**："第2级-GPU"模式中，Flash Player利用图形卡的可用计算能力执行视频播放，并对图层化图形进行复合。根据用户的图形硬件的不同，这将提供更高一级的性能优势。

如果播放系统的硬件能力不足以启用加速，则Flash Player会自动恢复为正常绘制模式。若要使包含多个SWF文件的网页发挥最佳性能，只对其中的一个SWF文件启用硬件加速。在测试影片模式下不使用硬件加速。在发布SWF文件时，嵌入该文件的HTML文件包含一个wmode HTML参数。选择第1级或第2级硬件加速会将wmode HTML参数分别设置为direct或gpu。打开"硬件加速"会覆盖在"发布设置"对话框的HTML选项卡中选择的"窗口模式"设置，因为该设置也存储在HTML文件中的wmode参数中。

10.3.2 发布为HTML文件

在Web浏览器中播放Flash内容需要一个能激活SWF文件并指定浏览器设置的HTML文档。"发布"命令会根据模板文档中的HTML参数自动生成此文档。

执行"文件"|"发布设置"命令，在打开的对话框中单击"其他格式"选项中的"HTML包装器"，默认情况下选中HTML文件类型，如图10-2所示。

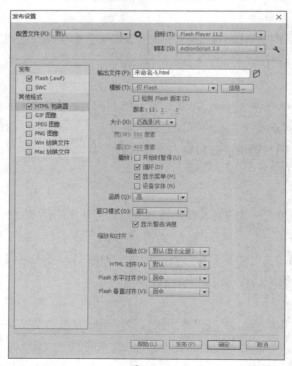

图 10-2

　　模板文档可以是包含适当模板变量的任意文本文件，包括纯HTML文件、含有特殊解释程序代码的文件或是Flash附带的模板。若要手动输入Flash的HTML参数或自定义内置模板，使用HTML编辑器。HTML参数确定内容出现在窗口中的位置、背景颜色、SWF文件大小等，并设置object和embed标记的属性。可以在"发布设置"对话框的HTML选项卡中更改这些设置和其他设置。更改这些设置会覆盖已在SWF文件中设置的选项。其他主要选项介绍如下。

1. 大小

- **匹配影片：** 使用SWF文件的大小。
- **像素：** 输入宽度和高度的像素数量。

2. 播放

- **开始时暂停：** 一直暂停播放SWF文件，直到用户单击按钮或从快捷菜单中选择"播放"后才开始播放。（默认）不选中此选项，即加载内容后就立即开始播放（PLAY参数设置为true）。
- **循环：** 内容到达最后一帧后再重复播放。取消选择此选项会使内容在到达最后一帧后停止播放。（默认）LOOP参数处于启用状态。
- **显示菜单：** 用户右击（Windows操作系统）或按住Control键并单击（macOS操作系统）SWF文件时，会显示一个快捷菜单。若要在快捷菜单中只显示"关于Flash"，取消选中此选项。默认情况下，会选中此选项（MENU参数设置为true）。
- **设备字体（仅限Windows操作系统）：** 会用消除锯齿（边缘平滑）的系统字体替换用户系统中未安装的字体。使用设备字体可使小号字体清晰易辨，并能减小SWF文件的大小。此选项只影响那些包含静态文本（创作SWF文件时创建，且在内容显示时不会发生更改的文本），且文本设置为用设备字体显示的SWF文件。

3. 品质

- **低：** 使回放速度优先于外观，并且不使用消除锯齿功能。
- **自动降低：** 优先考虑速度，但是也会尽可能改善外观。回放开始时，消除锯齿功能处于关闭状态。如果Flash Player检测到处理器可以处理消除锯齿功能，就会自动打开该功能。
- **自动升高：** 在开始时是回放速度和外观两者并重，但在必要时会牺牲外观来保证回放速度。回放开始时，消除锯齿功能处于打开状态。如果实际帧频降到指定帧频之下，就会关闭消除锯齿功能以提高回放速度。若要模拟"视图""|""消除锯齿"设置，使用此设置。
- **中：** 会应用一些消除锯齿功能，但并不会平滑位图。"中"选项生成的图像品质要高于"低"设置生成的图像品质，但低于"高"设置生成的图像品质。
- **高（默认）：** 使外观优先于回放速度，并始终使用消除锯齿功能。如果SWF文件不包含动画，则会对位图进行平滑处理；如果SWF文件包含动画，则不会对位图进行平滑处理。
- **最佳：** 提供最佳的显示品质，而不考虑回放速度。所有的输出都已消除锯齿，而且始终对位图进行光滑处理。

4. 窗口模式

- **窗口**：默认情况下，不会在object和embed标签中嵌入任何窗口相关的属性。内容的背景不透明并使用HTML背景颜色。HTML代码无法呈现在Flash内容的上方或下方。
- **不透明无窗口**：将Flash内容的背景设置为不透明，并遮蔽该内容下面的所有内容。使HTML内容显示在该内容的上方或上面。
- **透明无窗口**：将Flash内容的背景设置为透明，使HTML内容显示在该内容的上方和下方。

5. 缩放

- **默认（显示全部）**：在指定的区域显示整个文档，并且保持SWF文件的原始高宽比，且不发生扭曲。应用程序的两侧可能会显示边框。
- **无边框**：对文档进行缩放以填充指定的区域，并保持SWF文件的原始高宽比，同时不会发生扭曲，并根据需要裁剪SWF文件边缘。
- **精确匹配**：在指定区域显示整个文档，但不保持原始高宽比，因此可能会发生扭曲。
- **无缩放**：禁止文档在调整Flash Player窗口大小时进行缩放。

6. HTML 对齐

- **默认**：使内容在浏览器窗口内居中显示，如果浏览器窗口小于应用程序，则会裁剪边缘。
- **左、右或上**：将SWF文件与浏览器窗口的相应边缘对齐，并根据需要裁剪其余三边。

10.3.3 发布为EXE文件

通过发布影片，可以使用户的影片在没有安装Flash应用程序的计算机上能够播放。下面以"网页导航.fla"文件发布为EXE放映文件为例，介绍发布动画的方法。

10.3.4 动手练：发布EXE文件

📗 **案例素材**：本书实例/第10章/动手练/发布EXE文件

本案例以发布EXE文件为例，介绍发布影片的设置，具体操作如下。

步骤 **01** 打开本章素材文件，如图10-3所示。

步骤 **02** 执行"文件"|"发布设置"命令，打开"发布设置"对话框，在"其他格式"选项卡中选中"Win放映文件"复选框，如图10-4所示。

步骤 **03** 单击"选择发布目标"按钮 ，在打开的对话框中设置保存的路径，如图10-5所示。

步骤 **04** 单击"保存"按钮返回"发布设置"对话框，单击"确定"按钮完成发布设置，如图10-6所示。

图 10-3

图 10-4

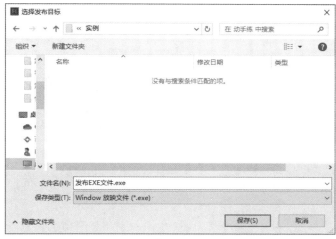

图 10-5

图 10-6

步骤 05 另存文件。执行"文件"|"发布"命令发布文件，按照发布路径打开所在的文件夹，从中选择EXE文件并双击播放，如图10-7所示。

图 10-7

10.4 综合实战：发布HTML文件

案例素材：本书实例/第10章/案例实战/发布HTML文件

本案例以发布HTML文件为例，介绍发布影片的设置，具体操作如下。

步骤 01 打开本章素材文件，执行"文件"|"发布设置"命令，打开"发布设置"对话框，在"其他格式"选项卡中选中"HTML包装器"复选框，并设置参数，如图10-8所示。

步骤 02 单击"选择发布目标"按钮 ，在打开的对话框中设置保存的路径，如图10-9所示。

图 10-8

图 10-9

步骤 03 单击"保存"按钮返回"发布设置"对话框，单击"发布"按钮完成发布，如图10-10所示。

步骤 04 按照发布路径打开所在的文件夹，从中可查看发布的HTML文件，如图10-11所示。

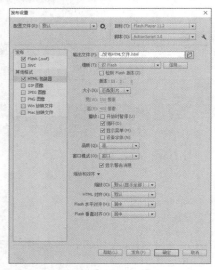

图 10-10

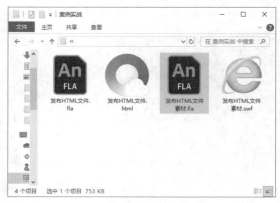

图 10-11

至此，完成HTML文件的发布。

10.5 课后练习

1. 填空题

（1）按下_____组合键可以导出影片。

（2）执行_____命令，可以将当前帧的内容导出为某种格式的图形文件。

（3）在创建实例的颜色效果时，应多使用实例的_____功能。

（4）尽量避免使用_____做动画。

2. 选择题

（1）Flash中默认发布的格式（HTML文件）的快捷键是（　　）。

A. F9键

B. F10键

C. Ctrl+F12组合键

D. F12键

（2）通常（　　）文件适合导出线条图形，（　　）文件适合导出含有大量渐变色和位图的图像。

A. PNG JPEG

B. GIF PNG

C. GIF JPEG

D. JPEG GIF

（3）在浏览器没有安装Flash插件的计算机中，（　　）格式可以顺利地打开并播放。

A. EXE文件

B. HTML文件

C. SWF文件

D. AVI文件

3. 操作题

（1）将第8章案例实战发布为EXE文件。

操作提示：

步骤01 打开文件，执行"文件"|"发布设置"命令。

步骤02 在打开的对话框中进行相应的设置，最后进行发布即可。

（2）将第9章案例实战发布为HTML文件。

操作提示：

步骤01 执行"文件"|"发布设置"命令，打开相应的对话框。

步骤02 设置完成后，执行"文件"|"发布"命令即可。

Flash

第11章
电子生日
贺卡的设计

随着互联网的发展，电子贺卡因其环保、经济、时尚且便捷的特点，逐渐成为信息流通的一个亮点。它不仅传递速度快，表达方式多样直观，而且易于制作，融合了传统与现代元素，展现了浓厚的文化韵味。因此，越来越多的人选择在节日来临时，通过制作或下载电子贺卡向朋友们传达独特的祝福。

✎ 要点难点

- 了解贺卡的设计要素
- 了解各类贺卡的风格色彩
- 熟悉Flash素材的选取与导入
- 掌握Flash动画的合成要领

11.1　知识准备

在制作电子贺卡前，用户需要了解其设计特点和设计要求。这样在制作电子贺卡时，才能针对目标网站，充分地展示网站的风格并传播价值。下面对电子贺卡的特点、设计要求向读者进行全面介绍，并向读者展示4类精彩的电子贺卡。

11.1.1　电子贺卡的特点

电子贺卡就是利用网络或电子邮件进行传递的贺卡，通过传递一张贺卡的网页链接，收卡人单击收到的链接地址即可打开贺卡。该贺卡不仅是动画形式，而且带有美妙的音乐。使收卡人可以全方位地感受到祝福者的真诚祝福。

温馨和祝福是电子贺卡的主要特点，对于不同类型的贺卡，其特点也不尽相同。电子贺卡可以分为以下几类。

（1）节日贺卡

节日贺卡一般应用于各种节日中，画面一般较为炫目，节奏欢乐明快，色彩较为鲜明，突出节日的气氛。如春节贺卡、中秋节贺卡、教师节贺卡等。

（2）生日贺卡

一般用于祝贺生日，制作上要突出个人特征和个人喜好，也可以制作的较为个性。

（3）爱情贺卡

该类贺卡为特用贺卡，制作时要突出爱情元素。一般非常浪漫，带有真挚的个人感情。

（4）温馨贺卡

该类贺卡并没有应用于特定时间，一般是为了表达个人的各种情感，制作上要求尽量简洁，不要有特别重的节日气氛。因此这类贺卡在制作风格上没有明确规定，主要表达个人的情感。

（5）祝福贺卡

一般是为了祝贺时所使用的贺卡，所以在制作上要突出喜庆的特点，在色彩和动画类型上相对丰富。

11.1.2　电子贺卡的设计要求

在设计贺卡动画时，有以下4点设计要求。

（1）创意

一个成功的电子贺卡最重要的是创意而不是技术。标新立异、和谐统一、震撼心灵，给人一种耳目一新的感觉。同时应注意国家、民族和宗教等的禁忌。

（2）技法

制作贺卡有多种技巧，可以运用通用的元素来表达主题，也可以尝试极端对比、变异和替换等创新方法，注重创意设计和构思。逆向思维，勇于突破传统限制，放飞想象，挑战一切可能性。

（3）色彩

贺卡画面的色彩要符合节日气氛，对于祝福类贺卡，应使用温暖干净的配色，红色加黄色、白色加蓝色等；如果追求简洁明快的风格，应使用大块的纯色做背景，特征鲜明，令人过目不忘。

（4）动画

动画制作中，不必采用过于复杂的动画类型，简单的文本动画即可突出主题。再配上合适的音乐，可使贺卡锦上添花。动画中的造型尽量卡通化，要活泼、可爱。

要在很有限的时间内表达主题，并把气氛烘托起来。建议读者多看看优秀的作品，多从创作者的角度思考问题，才能快速地提高设计与制作水平。

11.1.3 精彩电子贺卡欣赏

电子贺卡在网络上随处可见，下面以重阳节贺卡、情人节贺卡、友情贺卡和端午节贺卡4种电子贺卡为例进行介绍。

1. 重阳节贺卡

重阳节是中国的传统节日，重阳节贺卡属于节日贺卡，真挚的祝福、中国风的画面、淡雅的音乐，将敬老尊老的气氛营造得恰到好处，如图11-1所示。

图 11-1

2. 情人节贺卡

情人节贺卡属于爱情贺卡，如图11-2所示的"甜蜜的思念"情人节贺卡中主要体现情人之间的甜蜜思念之情，通过3个镜头，将甜蜜的祝福在特殊的日子中送给亲爱的人，轻快的音乐以及漂亮的画面，营造出情人节浪漫的氛围。

图 11-2

3. 友情贺卡

友情贺卡主要用于好友间互相交流，增加感情。如图11-3所示的友情贺卡，展示了对朋友真挚的祝福，画面清新自然，视觉效果较为清爽。

图 11-3

4. 端午节贺卡

端午节贺卡是在特定时间，表达个人情感的一种祝福贺卡。如图11-4所示的端午节贺卡画面简洁，由竹子、粽叶以及音乐等元素组成，将对节日的气氛表现得淋漓尽致。

图 11-4

11.2 制作电子生日贺卡

下面以电子生日贺卡的制作过程为例进行详细介绍。

11.2.1 创意风格解析

1. 设计思想

本实例的电子贺卡是按客户要求设计的生日贺卡。客户要求动画轻快，画面明亮活泼，包含代表生日的基本元素，如蛋糕、礼物以及祝福的音乐等。除了具备浓浓的生日气氛，还要有非常生动的动画。

2. 实践目标

制作电子生日贺卡时，可以充分运用个性化元素来突出生日主题，通过丰富的道具和动画效果来增添趣味。同时可以考虑添加背景音乐来营造氛围。在使用Flash制作电子生日贺卡时，选取合适的颜色也很关键，如粉红色、红色和黄色等，既能显得突出，又能体现生日的欢乐气氛。

> **注意事项** 设计电子贺卡时，关键在于选择与节日特点和传达内容相符的风格。颜色选择尤为重要，例如白色代表纯洁和神圣，红色代表热情和喜庆，粉红色代表温柔和浪漫，橙色传递亲切和健康，绿色象征安全和清新，紫色则显露浪漫和高贵。巧妙运用这些颜色的象征意义，可以让电子贺卡的风格更加生动统一，更容易触动收卡人的心。

11.2.2 动画背景的制作

本节对动画背景的制作方法进行介绍。

步骤 01 打开本章素材文件，新建图层，如图11-5所示。

步骤 02 选择"背景"图层，将"库"面板中的"背景"元件拖入舞台，设置"宽""高"、X和Y值分别为550、400、275和200，使其充满整个舞台，如图11-6所示。

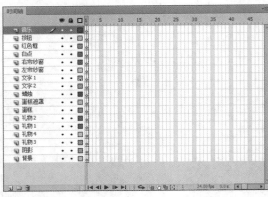
图 11-5

图 11-6

步骤 03 选择"红色框"图层，将元件"红色框"拖入舞台，设置其"宽""高"、X和Y值分别为590、480、275 、200，使其充满舞台，如图11-7所示。

步骤 04 选择"左帘纱窗"图层，将库中元件"帘纱"拖入舞台，使用任意变形工具，将"帘纱"实例的中心点移至最左侧，如图11-8所示。

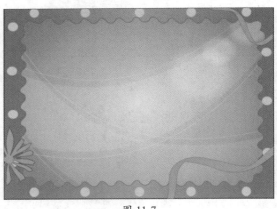
图 11-7

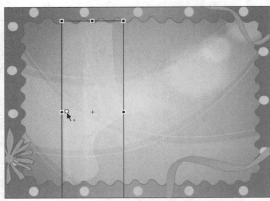
图 11-8

步骤 05 拖曳"帘纱"实例至舞台左侧，并将其宽度缩放至200%，如图11-9所示。

步骤 06 选择"右帘纱窗"图层，将库中元件"帘纱"拖曳至舞台，执行"修改"|"变形"|"水平翻转"命令，将"帘纱"实例翻转，使用任意变形工具，将"帘纱"实例的中心点移至最右侧，效果如图11-10所示。

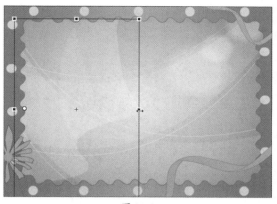

图 11-9

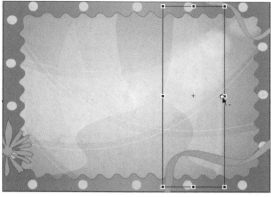

图 11-10

步骤 07 拖曳"帘纱"实例至舞台右侧，并将其宽度缩放至200%，如图11-11所示。

步骤 08 分别在"右帘纱窗"图层和"左帘纱窗"图层第20帧处插入关键帧。在"红色框"图层和"背景"图层第20帧处插入帧，如图11-12所示。

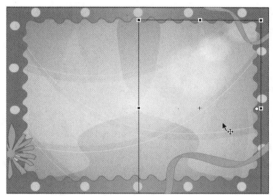

图 11-11

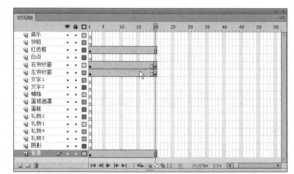

图 11-12

步骤 09 分别在"右帘纱窗"图层和"左帘纱窗"图层的第20帧处调整"帘纱"实例的大小属性，将其宽度缩放至100%，效果如图11-13所示。

步骤 10 在"右帘纱窗"图层和"左帘纱窗"图层的第1～20帧创建传统补间动画，如图11-14所示。

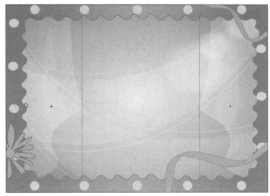

图 11-13

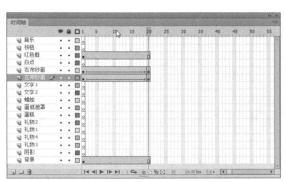

图 11-14

步骤 **11** 选择"白点"图层，在第20帧处插入空白关键帧，选中第20帧，并将库中的元件"点1"拖入舞台，放置在左帘纱窗上，调整"点1"实例的大小属性，其"宽""高"、X和Y值分别为85.70、364.05、77.95和205.0，效果如图11-15所示。

步骤 **12** 选择"点1"实例，然后按Ctrl＋D组合键直接复制，并将复制实例放置在右帘纱窗上，调整其属性，使复制的实例大小合适，其"宽""高"、X和Y值分别为85.70、364.05、488.0和210.0，效果如图11-16所示。

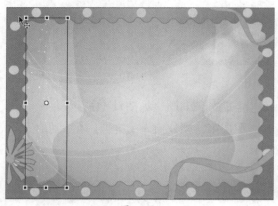
图 11-15

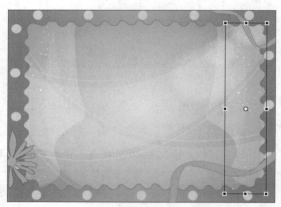
图 11-16

至此，完成背景纱窗动画的合成。

11.2.3　礼物组合动画的制作

本节将对礼物组合动画的制作方法进行介绍。

步骤 **01** 选择"礼物1"图层，在第26帧插入空白关键帧。分别在"红色框"图层、"白点"图层、"左帘纱窗"图层、"右帘纱窗"图层和"背景"图层的第230帧处插入帧，如图11-17所示。

步骤 **02** 选中图层"礼物1"的第26帧，将"库"面板中的元件"礼物1"拖入舞台合适位置，调整大小，设置其"宽"和"高"值分别为82.8和88.5，效果如图11-18所示。

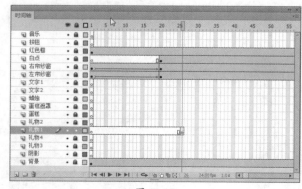
图 11-17

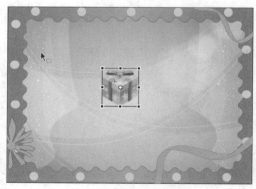
图 11-18

步骤 **03** 选中"礼物1"实例，使用任意变形工具，将其中心点移至最下角，并在第32帧处插入关键帧，使用任意变形工具，将其沿Y轴压扁并向下移动一小段距离，效果如图11-19

所示。

步骤 04 在第35帧处插入关键帧，使用任意变形工具 ▦，使其位置不变，再将其沿Y轴稍微压扁，如图11-20所示。

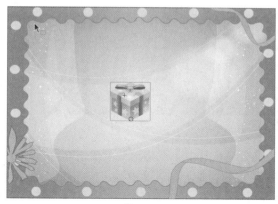

图 11-19

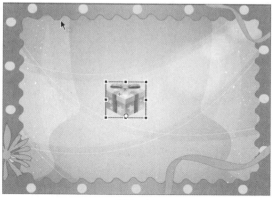

图 11-20

步骤 05 在第40帧处插入关键帧，使用任意变形工具 ▦，将其沿Y轴稍微伸长，并保持位置不变，如图11-21所示。

步骤 06 选择"礼物1"图层中第26帧所对应的实例，在"属性"面板中设置其"样式"为Alpha，值为0%，效果如图11-22所示。

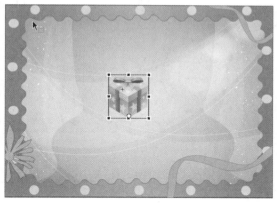

图 11-21

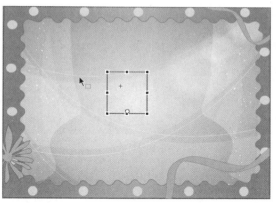

图 11-22

步骤 07 在第26～32帧、第32～35帧、第35～40帧创建传统补间动画，如图11-23所示。完成"礼物1"的下落缓冲的动作。

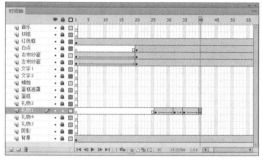

图 11-23

步骤 08 选择"礼物2"图层，在第14帧处插入空白关键帧，将"库"面板中的元件"礼物2"

拖入舞台合适位置。设置其"宽"、"高"值分别为120.0和144.0，效果如图11-24所示。

✅知识点拨

① 适当改变元件中心点的位置，可以更方便地调整元件的大小。

② 在创建传统补间动画的同时，一定要注意前后关键帧中元件的中心点不能改变。

图 11-24

步骤 09 选中"礼物2"实例，使用任意变形工具，将其中心点移至最下角，在第19帧处插入关键帧，将"礼物2"实例向下移动一小段距离。在第22帧处插入关键帧，将元件"礼物2"延Y轴稍微压扁，并保持位置不变，效果如图11-25所示。

步骤 10 在第26帧处插入关键帧，将"礼物2"实例沿Y轴方向稍微伸长，保持位置不变。选择第14帧，在"属性"面板中设置其"样式"为Alpha，值为0%，效果如图11-26所示。

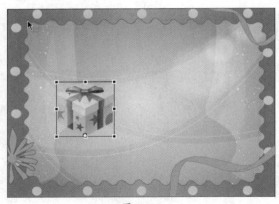

图 11-25

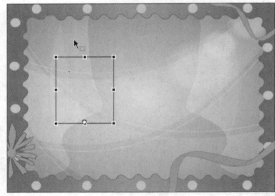

图 11-26

步骤 11 在第14～19帧、第19～22帧、第22～26帧创建传统补间动画，在"礼物1"图层和"礼物2"图层的第78帧处插入帧，如图11-27所示。

步骤 12 选择"礼物3"图层的第40帧，插入空白关键帧，并将"库"面板中的元件"礼物3"拖入舞台中的合适位置，设置其"宽"和"高"值分别为142.1和122.65，效果如图11-28所示。

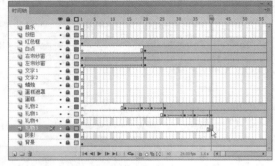

图 11-27

图 11-28

步骤13 选择"礼物3"实例，使用任意变形工具，将其中心点移至最下角。在第44帧处插入关键帧，将"礼物3"实例向下移动一小段距离。在第46帧处插入关键帧，将"礼物3"实例沿Y轴稍微压扁，并保持位置不变，效果如图11-29所示。

步骤14 在第50帧处插入关键帧，将"礼物3"实例沿Y轴方向伸长，如图11-30所示。

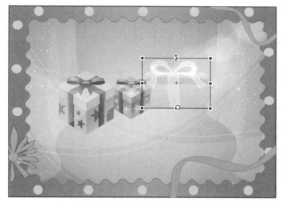
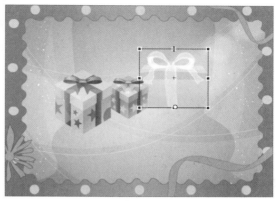

图 11-29　　　　　　　　　　　　　　　　图 11-30

步骤15 选择第40帧，设置其"样式"为Alpha，值为0%。在第40～44帧、第44～46帧、第46～50帧创建传统补间动画，在第78帧处插入帧，如图11-31所示。

步骤16 选择"礼物4"图层的第54帧，插入空白关键帧，并将"库"面板中的元件"礼物4"拖入舞台中的合适位置，设置其"宽"、"高"值分别为183.0和71.50，效果如图11-32所示。

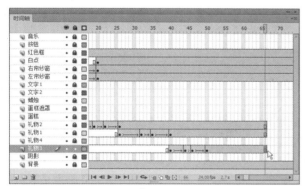

图 11-31　　　　　　　　　　　　　　　　图 11-32

步骤17 在"属性"面板的"滤镜"区域，为"礼物4"实例添加"发光"滤镜和"调整颜色"滤镜，如图11-33所示。

图 11-33

步骤18 选择"礼物4"实例，使用任意变形工具 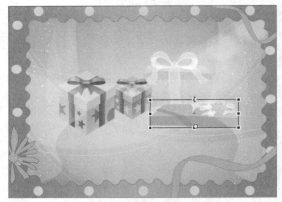，将其中心点移至最下角。在第58帧处插入关键帧，将"礼物4"实例向下移动一小段距离。在第60帧处插入关键帧，将"礼物4"实例沿Y轴稍微压扁，并保持位置不变，效果如图11-34所示。

图 11-34

步骤19 在第63帧处插入关键帧，将"礼物4"实例沿Y轴方向稍微伸长，保持位置不变。选择第54帧，在"属性"面板中设置其"样式"为Alpha，值为0%，效果如图11-35所示。

步骤20 在第54～58帧、第58～60帧、第60～63帧创建传统补间动画，在第78帧处插入帧，如图11-36所示。

图 11-35

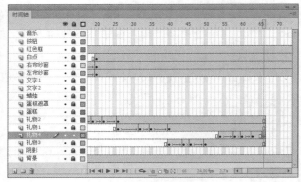

图 11-36

步骤21 在"阴影"图层的第63帧处插入关键帧，使用线条工具 沿礼物的下轮廓线绘制阴影，并为图形填充黑色，如图11-37所示。转化图形为影片剪辑元件"阴影"。

步骤22 选择元件"阴影"，在"属性"面板的"滤镜"区域，为"阴影"实例添加"模糊"滤镜，设置其"样式"为Alpha，值为0%，效果如图11-38所示。

图 11-37

图 11-38

步骤 23 在"阴影"图层的第67帧和第78帧处插入关键帧,分别在"属性"面板设置其"样式"为Alpha,值分别为10%和15%,效果如图11-39所示。

步骤 24 在"阴影"图层的第63~67帧、第67~78帧创建传统补间动画,如图11-40所示。

图 11-39

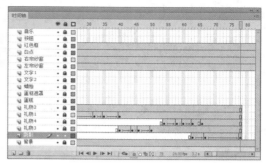

图 11-40

至此,完成礼物阴影动画的制作。

11.2.4 主题动画的制作

本节将对生日主题动画的制作方法进行介绍。

步骤 01 在"蛋糕"图层的第78帧处插入空白关键帧,将库中的元件"蛋糕"拖入舞台,设置其X和Y值为181.15和292.9,效果如图11-41所示。

步骤 02 在"蛋糕遮罩"图层的第78帧处插入空白关键帧,将库中的元件"形状1"拖入舞台,设置其X和Y值分别为137.7和270.1,效果如图11-42所示。

图 11-41

图 11-42

步骤 03 在"蛋糕遮罩"图层的第78~140帧每隔2帧插入空白关键帧,将库中的"形状元件"文件夹中的"形状2~32"分别添加到相应的关键帧中,并将其转换为遮罩层,创建遮罩动画,效果如图11-43所示。

步骤 04 在"蜡烛"图层的第140帧处插入空白关键帧,将库中的元件"蜡烛"拖入舞台,设置其"宽""高"、X和Y值分别为124.2、198.5、437.8和198.5,效果如图11-44所示。

图 11-43

图 11-44

步骤 05 在"蜡烛"图层的第150帧插入关键帧，并在第140～150帧创建传统补间动画。选择第140帧的实例，设置其"样式"为Alpha，值为0%。选择150帧的实例，将其稍微缩小，效果如图11-45所示。

步骤 06 在"文本1"图层的第151帧插入空白关键帧，将库中的元件"文本1"拖入舞台，效果如图11-46所示。

图 11-45

图 11-46

步骤 07 在"文本2"图层的第191帧处插入空白关键帧，使用文本工具 T 输入文字，并转换为图形元件，如图11-47所示。

步骤 08 选择"音乐"图层，将库中声音元件"纯音乐-生日快乐"添加到舞台，在"属性"面板设置参数，如图11-48所示。选择第230帧，插入关键帧并输入代码stop()。

图 11-47

图 11-48

步骤 09 选择"按钮"图层，在第230帧添加空白关键帧，将库中的按钮元件"重播"拖入舞台右下角，如图11-49所示。

步骤 10 选择"按钮"图层的第230帧，输入相应代码，如图11-50所示。

图 11-49

图 11-50

步骤 11 选择舞台右下角的"重播"按钮，并为其添加"投影"滤镜，如图11-51所示。

步骤 12 选择"音乐"图层，为"音乐"图层的第1帧添加start帧标签，如图11-52所示。

图 11-51

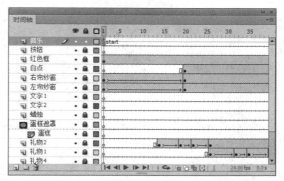

图 11-52

至此，完成礼物阴影动画的制作。

11.2.5 保存并测试动画

至此，整个动画已经成功创建，接下来将其保存并测试即可。

步骤 01 执行"文件"|"另存为"命令，设置文件名和保存路径，将影片文件保存。

步骤 02 执行"控制"|"测试影片"|"测试"命令，测试制作好的电子生日贺卡，如图11-53所示。

至此，完成电子生日贺卡的设计。

图 11-53

Flash

第12章
音乐MV的
设计

音乐可以表达和寄托人们的感情，蕴含着丰富多彩的故事。现今音乐注重视觉与听觉的结合，音乐视频通过画面补充音乐无法传达的信息和内容，让情感更具象化。人们不仅能通过耳朵，还能通过眼睛和心灵来感受音乐的世界。优美的音乐配上恰如其意的画面，能够让人更深入地体会音乐背后的故事情感。

✎ 要点难点

- 把握音乐MV的设计理念
- 掌握Flash动画的合成要领
- 熟悉素材的选取与导入
- 学会制作Flash播放按钮

12.1 知识准备

在制作音乐MV动画前，了解其设计特点和要求有助于目标明确地创建高品质的MV。以下是对音乐MV动画特点和设计要求的全面介绍，并展示了几种精彩的音乐MV动画样例。

12.1.1 音乐MV的特点

音乐MV就是为音乐制作动画，即用合适的音乐配以精美的画面，使原本只是听觉艺术的形式，转变为视觉和听觉结合的一种艺术样式。诠释音乐是音乐MV的一个重要特点，对于不同类型的音乐，其特点也不尽相同。

（1）古典音乐

古典音乐是历经岁月考验、经久不衰、为众人喜爱的音乐。古典音乐是一个独立的流派，艺术手法讲求洗练，追求理性地表达情感。所以创作古典音乐MV时要求注重情感的表达。

（2）流行音乐

流行音乐是指结构短小、内容通俗、情感真挚，被广大群众所喜爱，广泛传唱或欣赏，流行一时甚至流传后世的乐曲或歌曲。所以制作流行音乐MV时，内容要求通俗易懂、形式活泼。

（3）儿歌

儿歌是以儿童为对象的、具有民歌风味的简短诗歌。其内容多反映儿童的生活情趣，传播生活、生产知识等。所以在制作儿歌MV时，要求内容浅显、思想单纯、篇幅简短、节奏欢快。

（4）轻音乐

轻音乐可以营造温馨浪漫的情调，带有休闲性质。轻音乐MV要求结构简单、画面轻快。

12.1.2 音乐MV的设计要求

在设计音乐MV动画时，有以下5点设计要求。

（1）创意

衡量一个音乐MV的优劣是能否更好地诠释音乐。高质量的音乐MV要以音乐本身为线索创作动画，而不是根据动画创作音乐。

（2）主题

音乐的曲风有很多种分类，制作音乐MV要能抓住音乐所表现的主旨，深刻理解音乐背后所隐含的情节，做到视听和谐。

（3）声音

在制作音乐MV时，用户可以用音乐处理软件处理相关的音乐素材。如GoldWave软件、系统自带的录音机等。

（4）动画

动画制作中，不必采用过于复杂的动画类型，简单的文本动画即可。动画中的造型尽量卡通化，要活泼、可爱。

（5）节奏

在制作音乐MV时，节奏的把握和时间的把握一定要精准，快节奏的音乐动画节奏也要快。通常动画的内容要符合音乐的歌词，所以场景的内容也要准确反映歌词表达的内容。在音乐MV上显示音乐的歌词，显示和消失歌词的时间也要准确把握，和声音的匹配度要高。

12.1.3　音乐MV欣赏

音乐MV在网络上随处可见，下面将介绍流行音乐、古典音乐、儿歌和轻音乐和传统文化5种不同的音乐MV。

1. 流行音乐 MV

流行音乐的作品内容通俗易懂，题材多取自于日常生活，以表现爱情主题的为多数，强调个人的心理情感，强调自我，容易引起人们的情感共鸣。而且流行音乐旋律易记易唱，人们可以主动参与表演，增加了互动的空间和乐趣，得到了放松与享受，如图12-1所示。

图 12-1

2. 古典音乐 MV

古典音乐带给人们的不仅仅是优美的旋律，还有真挚的情感，或宁静、典雅，或震撼、鼓舞，或欢喜、快乐，或悲伤、惆怅，在整个的古典音乐的MV中处处都表现了一种古色古香的独特气息，如图12-2所示。

图 12-2

3. 儿歌 MV

儿歌吟唱中，优美的旋律、和谐的节奏、真挚的情感可以给儿童以美的享受和情感熏陶。MV可以形象有趣地帮助儿童认识自然界，认识社会生活，开发他们的智力，启迪引发他们的思维和想象力，如图12-3所示。

图 12-3

4. 轻音乐 MV

轻音乐结构小巧简单，节奏明快舒展，旋律优美动听。它没有什么深刻的思想内涵，带给人们的是轻松优美的享受，轻音乐的目的在于使人身心放松，使人处于一种安静祥和的境界。其主要特征是轻松活泼，如图12-4所示。

图 12-4

5. 传统文化 MV

中国传统的文化风格在音律上铿锵有力，如图12-5所示的《生肖歌》MV中，传统的音乐风格配上十二生肖的传统文化，画面有中国剪纸的韵味，具有十足的中国民间气息，旋律铿锵有力朗朗上口，深刻地表现了十二生肖的魅力。

图 12-5

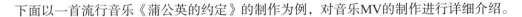

12.2 制作音乐MV

下面以一首流行音乐《蒲公英的约定》的制作为例，对音乐MV的制作进行详细介绍。

12.2.1 主体动画的制作

本节对音乐MV主体动画的制作过程进行介绍。

步骤01 打开素材文件并另存。将"图层1"重命名为"安全框"，使用矩形工具绘制图形，填充颜色为黑色，效果如图12-6所示。

步骤 **02** 在"安全框"下方新建"图层2"，将库中的元件"背景2"拖入舞台中的合适位置，如图12-7所示。在第11、102帧处插入关键帧。

图 12-6

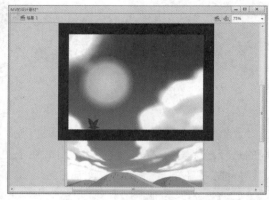

图 12-7

步骤 **03** 选择第102帧处的实例，将实例向上移动，如图12-8所示。在第11～102帧创建传统补间动画。

步骤 **04** 在"图层2"的第142、151帧处插入关键帧，在第142～151帧创建传统补间动画，如图12-9所示。

图 12-8

图 12-9

步骤 **05** 选择第151帧处的实例，在"属性"面板中设置其Alpha值为0，效果如图12-10所示。

步骤 **06** 在"图层2"的下方新建"图层3"，在第142帧处插入关键帧，如图12-11所示。

图 12-10

图 12-11

步骤 07 执行"插入"|"新建元件"命令，新建图形元件"元件1"，将库中的"背景3"拖入舞台，如图12-12所示。在"图层1"上方新建"图层2""图层3"。

步骤 08 分别在"图层2""图层3"的第30帧处插入关键帧，将库中元件"蝴蝶"拖入舞台中的合适位置，如图12-13所示。

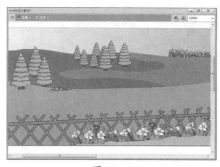

图 12-12

图 12-13

步骤 09 分别在"图层2"的第100帧和"图层3"的第130帧处插入关键帧。分别调整其实例位置，将元件"蝴蝶"向左移动，移出背景，如图12-14所示。

步骤 10 分别在"图层2"的第30～100帧和"图层3"的第30～130帧创建传统补间动画，如图12-15所示。

图 12-14

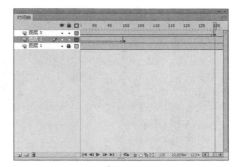

图 12-15

步骤 11 返回"场景1"，选择"图层3"的第142帧，将库中的"元件1"拖入舞台中的合适位置，如图12-16所示。

步骤 12 在第153帧处插入关键帧。选择"图层3"的第142帧处的实例，在其"属性"面板中设置其Alpha值为0，效果如图12-17所示。在第142～153帧创建传统补间动画。

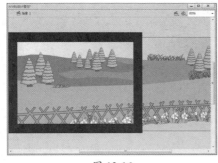

图 12-16

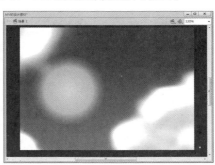

图 12-17

步骤 13 选择"图层3"的第230帧处插入关键帧，并将该帧处的元件向左移动，如图12-18所示。在第153～230帧创建传统补间动画。

步骤 14 在"图层2"上方新建"图层4"，使用矩形工具绘制一个填充颜色为黑色的矩形，充满整个舞台，如图12-19所示，并将其转化为元件。

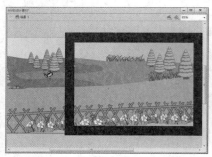

图 12-18   图 12-19

步骤 15 在"图层4"的第20帧处插入关键帧，将该帧处实例的Alpha值设置为0，效果如图12-20所示。在第1～20帧之间创建传统补间动画。

步骤 16 新建元件"元件3"，使用文本工具在元件的编辑区输入文字"蒲公英的约定"，如图12-21所示。并将其转化为元件"文字"。

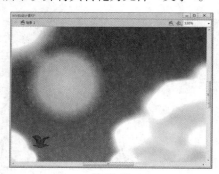

图 12-20   图 12-21

步骤 17 在"图层1"的第15、75、85帧处插入关键帧。将第1帧的文字实例缩小，并将其Alpha值设置为0，效果如图12-22所示。

步骤 18 第1～15帧创建传统补间动画。选择第85帧处的文字实例，将其Alpha值设置为0，在第75～85帧创建传统补间动画，如图12-23所示。

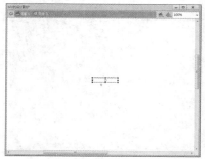

图 12-22   图 12-23

步骤 19 在"图层1"的上方新建"图层2",在第19帧插入关键帧,并输入文字,如图12-24所示。将文字转化为元件"文字2",在第26帧处插入关键帧。

步骤 20 选择第26帧处的实例,将文字向右移动一段距离,如图12-25所示。将第19帧处实例的Alpha值设置为0,在第19~26帧创建传统补间动画。

图 12-24   图 12-25

步骤 21 在"图层2"的第75、85帧处插入关键帧。将第85帧处实例的Alpha值设置为0。在第75~85帧创建传统补间动画,如图12-26所示。

步骤 22 在"图层2"的上方新建"图层3",在第25帧处插入关键帧,复制"图层1"中的文字实例,按Ctrl+Shift+V组合键将实例原位置粘贴,如图12-27所示。

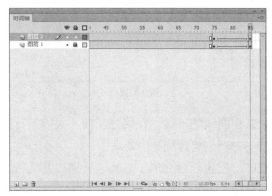

图 12-26   图 12-27

步骤 23 在"图层3"的下方新建"图层4",在第25帧插入关键帧,使用矩形工具 ▣ 绘制一个矩形,填充色为由透明到白色再到透明的渐变,如图12-28所示,将该矩形转换为元件。

图 12-28

步骤 24 在第55帧插入关键帧，将矩形移动至文字右侧。在第25～55帧创建传统补间动画。选择"图层3"并右击，将"图层3"设置为遮罩层，如图12-29所示。

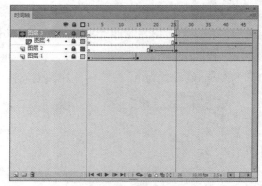

图 12-29

步骤 25 在"图层3"上方新建"图层5"，在第25帧插入关键帧，将库中元件"蒲公英"拖至编辑区，并调整其位置和大小，如图12-30所示。

步骤 26 选择"图层5"并右击，在弹出的快捷菜单中执行"添加传统引导层"命令。使用铅笔工具✐在引导层绘制一条曲线，作为"蒲公英"的运动轨迹，如图12-31所示。

图 12-30

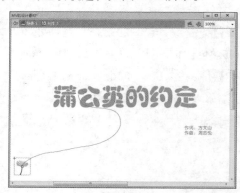

图 12-31

步骤 27 选择"图层5"的第25帧，将实例放置在曲线的下端，在第75帧插入关键帧，将实例移动至曲线的另一端，如图12-32所示。在第25～75帧创建传统补间动画。

步骤 28 在"图层5"的第39、56帧插入关键帧。使用任意变形工具▦，分别按其飞行方向旋转，如图12-33所示。在第85帧插入关键帧，将该处实例的Alpha值设置为0。

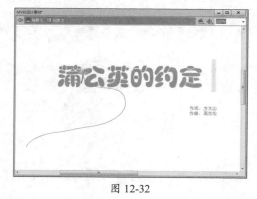

图 12-32

图 12-33

步骤 29 在第75～85帧创建传统补间动画。返回"场景1"，在"图层4"上方新建"图层5"，在第90帧插入关键帧，如图12-34所示。

步骤30 选择"图层5"的第90帧，将库中的元件"元件3"拖入舞台。调整其大小和位置，在"属性"面板的"循环"选项中选择"播放一次"，效果如图12-35所示。

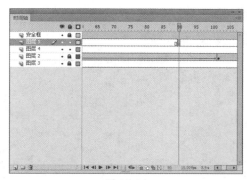

图 12-34   图 12-35

步骤31 在"图层2"的第231帧插入空白关键帧，将库中的元件"镜头2"拖入舞台，如图12-36所示。在第270帧插入帧。

步骤32 在"图层2"的第271帧插入空白关键帧，将库中的元件"镜头3"拖入舞台，如图12-37所示。在第340帧插入帧。

图 12-36   图 12-37

步骤33 新建元件"元件5"，将库中元件"草地2"拖至编辑区，在"图层1"上新建"图层2"，将库中元件"人物躺倒"拖至编辑区，效果如图12-38所示。

步骤34 在"图层2"上新建"图层3"，将库中元件"树"拖至编辑区，如图12-39所示。

图 12-38   图 12-39

步骤 **35** 分别在"图层1""图层2""图层3"的第25帧插入关键帧。选择"图层1""图层2""图层3"的第25帧上的实例，将实例向右移动，如图12-40所示。在第1～25帧创建传统补间动画。

步骤 **36** 在"图层1""图层2""图层3"的第40帧插入帧。返回"场景1"，在"图层2"的第341帧插入空白关键，将库中"元件5"拖入舞台，如图12-41所示。

图 12-40

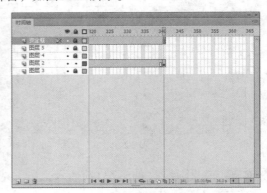

图 12-41

步骤 **37** 在"图层2"的第395帧插入帧，选择第341帧的实例，在"属性"面板的"循环"选项中选择为"播放一次"，效果如图12-42所示。

步骤 **38** 在"图层3"的第396帧插入空白关键帧，将库中元件"天空2.png"拖入舞台，如图12-43所示。在第435帧插入帧。

图 12-42

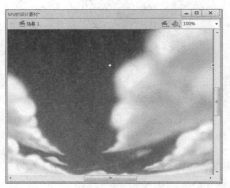

图 12-43

步骤 **39** 在"图层4"的第379帧插入空白关键帧，绘制一个充满舞台的白色矩形。并将其转化为元件，在第409帧插入关键帧，如图12-44所示。

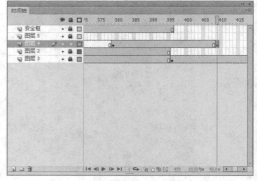

图 12-44

步骤 40 在"图层4"的第392、396帧插入关键帧。选择第379、409帧处的实例,将实例的Alpha值设置为0,效果如图12-45所示。

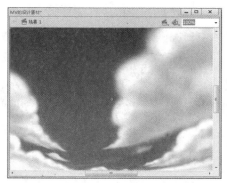

图 12-45

步骤 41 在第379~409帧创建传统补间动画,如图12-46所示。

步骤 42 新建元件"纸飞机",并进入元件的编辑区。在"图层1"的第13帧处插入空白关键帧,使用矩形工具 ▢ 绘制一个矩形,如图12-47所示。

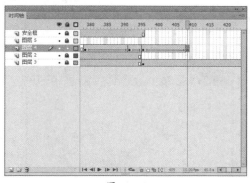

图 12-46

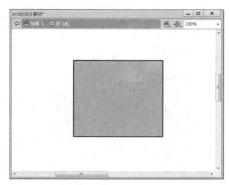

图 12-47

步骤 43 在第13~25帧隔一帧插入一个空白关键帧,绘制折纸飞机的逐帧动画。在第15帧绘制第一步,如图12-48所示。

步骤 44 逐帧绘制折纸飞机的动画,如图12-49所示。在第41帧处插入帧。返回"场景1",在"图层2"的第404帧插入空白关键帧。

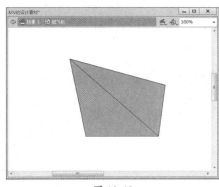

图 12-48

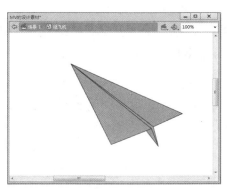

图 12-49

步骤 45 将库中元件"纸飞机"拖入舞台,如图12-50所示。

步骤 46 在第412帧插入关键帧,将第404帧的实例缩小,并将其Alpha值设置为0。在第

404～412帧创建传统补间动画，如图12-51所示。在第435帧插入帧，在"图层3"的第436帧插入空白关键帧。

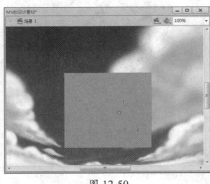

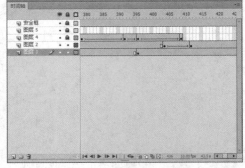

图 12-50　　　　　　　　　　　　　　　图 12-51

步骤47 选择"图层3"的第436帧，用矩形工具▫和铅笔工具✐在舞台绘制背景，如图12-52所示。

步骤48 新建图形元件"飞机飞行"，并进入其编辑模式，在"图层1"上绘制一个纸飞机图形，并将其转化为元件，如图12-53所示。在"图层1"上新建"图层2"。

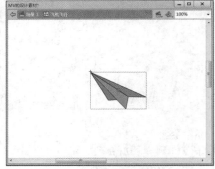

图 12-52　　　　　　　　　　　　　　　图 12-53

步骤49 在"图层2"中的第15帧插入关键帧，将库中元件"客机"拖入舞台，如图12-54所示。

步骤50 分别在"图层1""图层2"的第60帧插入关键帧。选择"图层1"第60帧上的实例，将实例移至左上角并放大，如图12-55所示。在第1～60帧创建传统补间动画。

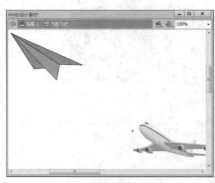

图 12-54　　　　　　　　　　　　　　　图 12-55

步骤51 选择"图层2"的第60帧处的实例,将其移至左上角,在第15～60帧创建传统补间动画,如图12-56所示。

步骤52 选择"图层2"的第15帧,将第15帧处的实例Alpha值设置为0,将第60帧处的实例Alpha值设置为80,效果如图12-57所示。

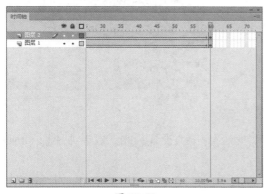

图 12-56

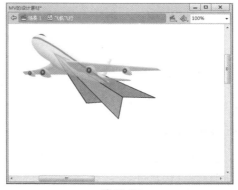

图 12-57

步骤53 选择"图层1"的第1～60帧的任意一帧,选择"属性"面板上的"补间"选项,将其"缓动"值调整为-100,如图12-58所示。

步骤54 返回"场景1",在"图层2"的第436帧插入空白关键帧。将库中元件"飞机飞行"拖入舞台,如图12-59所示。

图 12-58

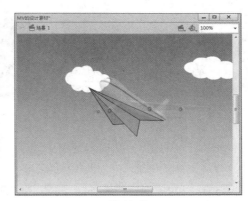

图 12-59

步骤55 分别在"图层2""图层3"的第495帧插入帧。在"图层3"的第496帧插入空白关键帧,将库中元件"背景5"拖入舞台,如图12-60所示。在第550帧插入帧。

图 12-60

步骤56 在"图层2"的第510帧插入空白关键帧，
将库中影片剪辑元件"头"拖入舞台。并为该元件添
加"模糊"和"发光"滤镜，效果如图12-61所示。

图 12-61

步骤57 选择"图层2"的第510帧，将该处实例的Alpha值设置为30，效果如图12-62所示。
并在第516帧插入关键帧。

步骤58 选择第516帧，将该处实例的Alpha值设置为75，效果如图12-63所示。在第510～516
帧创建传统补间动画，在第550帧插入帧。

图 12-62

图 12-63

步骤59 在"图层3"的第551帧插入空白关键帧，将库中元件"公园"拖入舞台，在第599
帧插入关键帧，并将该处实例缩小，如图12-64所示。

步骤60 在第551～599帧创建传统补间动画。在"图层2"的第551帧插入关键帧。将该帧处
的实例的中心点移至右下角，如图12-65所示。

图 12-64

图 12-65

步骤 61 在"图层2"的第576帧插入关键帧，使用任意变形工具将其稍微向下旋转，如图12-66所示。在第551～576帧创建传统补间动画。

步骤 62 在"图层2"的第600帧插入空白关键帧，将库中元件"照片"拖入舞台，如图12-67所示。

图 12-66

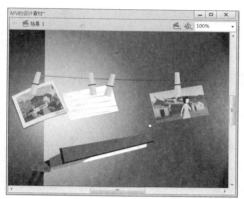

图 12-67

步骤 63 在第625帧插入关键帧，将该帧处的实例向左移动，如图12-68所示。在第600～625帧创建传统补间动画。在"图层3"的第626帧插入空白关键帧。

步骤 64 新建图形元件"月光下"，进入其编辑区，将库中的元件"月空"拖入舞台，如图12-69所示。在第80帧处插入关键帧，再将第80帧实例向右上角移动并缩小。

图 12-68

图 12-69

步骤 65 在第1～80帧创建传统补间动画。在"图层1"上新建"图层2"，在第25帧插入空白关键帧，如图12-70所示。

图 12-70

步骤 66 选择"图层2"的第25帧，将库中元件"女孩侧面"拖入舞台，如图12-71所示。在第80帧插入关键帧。

图 12-71

步骤 67 选择"图层2"的第80帧处的实例，将实例向右移动，如图12-72所示。在第25～80帧创建传统补间动画。

步骤 68 返回"场景1"，选择"图层3"的第626帧，将库中元件"月空下"拖入舞台，在"属性"面板的"循环"选项中选择"播放一次"，效果如图12-73所示。

图 12-72

图 12-73

步骤 69 在"图层3"的第710帧插入空白关键帧，将库中元件"女主人公背面"拖入舞台，如图12-74所示。在"属性"面板的"循环"选项中选择"播放一次"。

步骤 70 在"图层3"的第780帧插入关键帧，将该帧处的实例缩小，如图12-75所示。在第710～780帧创建传统补间动画。

图 12-74

图 12-75

步骤 71 打开库面板，选中库中的元件"人物背面"，进入其编辑区，将人物背面的图形转换为元件，如图12-76所示。在第9帧处插入关键帧。

步骤 72 在第5帧插入关键帧，并将该帧处的实例向下移动，在第1～9帧创建传统补间动画，如图12-77所示。

图 12-76

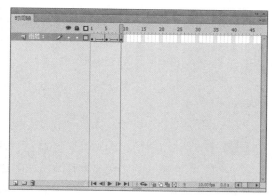

图 12-77

步骤 73 切换至场景1，分别在"图层2"的第626、730帧处插入空白关键帧。选择第730帧，将库中元件"人物背面"拖入舞台外，如图12-78所示。

步骤 74 在第780帧插入帧，将该帧处元件向右移动并缩小，如图12-79所示。在第730～780帧创建传统补间动画。

图 12-78

图 12-79

步骤 75 分别在"图层2""图层3"的第795帧插入帧。选择"图层2"的第780帧，在"属性"面板的"循环"选项中选择"单帧"，如图12-80所示。

图 12-80

步骤 76 在"图层2"的第796帧插入空白关键帧，将库中元件"荷花风景"拖入舞台，如图12-81所示。在第840帧插入帧。

图 12-81

步骤 77 在"图层3"的第841帧插入空白关键帧。将库中元件"水波"拖入舞台，在第885帧插入关键帧，将该帧处的实例向上移动，如图12-82所示。

步骤 78 在"图层2"的第841帧插入空白关键帧。将库中元件"双手"拖入舞台，在第885帧插入关键帧，将该帧处的实例放大，如图12-83所示。

图 12-82

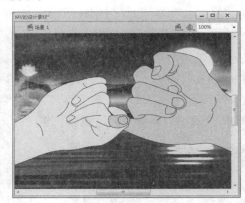

图 12-83

步骤 79 分别在"图层2""图层3"的第841～885帧创建传统补间动画，在"图层4"的第873帧插入空白关键帧，如图12-84所示。

步骤 80 在"图层4"的第873帧处，使用矩形工具 在舞台中绘制一个填充颜色为白色的矩形，并将该矩形转换为元件，如图12-85所示。

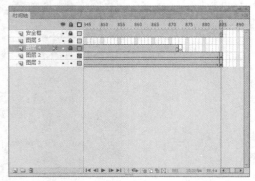

图 12-84

图 12-85

步骤81 分别在第885、890、903帧插入关键帧，选择第873、903帧处的实例，将该帧处的实例Alpha值设置为0，效果如图12-86所示。

步骤82 在第873～903帧创建传统补间动画，在"图层2"的第890帧插入空白关键帧，如图12-87所示。

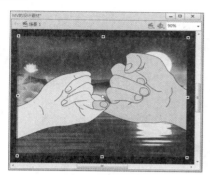

图 12-86

图 12-87

步骤83 新建元件"坐车"，并进入其编辑区，将库中元件"车内"拖至编辑区，如图12-88所示。在"图层1"下方新建"图层2"。

步骤84 选择"图层2"，将库中影片剪辑元件"窗外风景"拖入编辑区，如图12-89所示。

图 12-88

图 12-89

步骤85 为影片剪辑元件"窗外风景"添加"模糊滤镜"，将"模糊X"和"模糊Y"的值分别调整为15像素和0像素，效果如图12-90所示。

步骤86 选择"图层2"，在第15帧插入关键帧，将该帧处的元件向右移动，如图12-91所示。在"图层1"上的第15帧插入帧。

图 12-90

图 12-91

步骤87 返回"场景1"，选择"图层2"的第890帧处，将库中元件"坐车"拖入舞台，如图12-92所示。在第960帧插入帧。

步骤88 选择"图层2"的第961帧处，插入空白关键帧，将库中元件"巴士行驶"拖入舞台，如图12-93所示。在第1015帧插入帧。

图 12-92 图 12-93

步骤89 新建元件"教堂风景"，并进入其编辑区。在"图层1"的第26帧插入空白关键帧。使用线条工具 \ 绘制一个"纸飞机"，如图12-94所示。

步骤90 将该"纸飞机"转换为元件。在第98帧插入关键帧。将该帧处的实例向左下角移动放大并旋转，如图12-95所示。

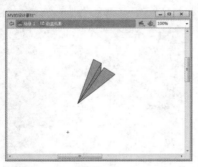
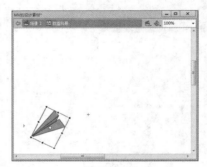

图 12-94 图 12-95

步骤91 在第35帧插入关键帧，选择第26帧，将该帧处实例的Alpha值设置为18，在第26～98帧创建传统补间动画，如图12-96所示。

步骤92 在"图层1"的下方新建"图层2"，将库中元件"背景"拖入舞台，如图12-97所示。在第98帧插入关键帧。

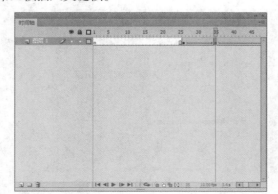
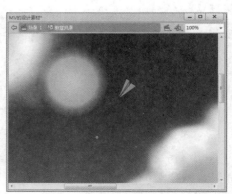

图 12-96 图 12-97

步骤 93 选择第98帧处的实例，将该实例向上移动，如图12-98所示。在第1～98帧创建传统补间动画。

步骤 94 在"图层1"的上方新建"图层3"，在第50帧插入空白关键帧，将库中元件"人物背景"拖至编辑区，如图12-99所示。

图 12-98 图 12-99

步骤 95 在第98帧插入关键帧，将该帧处的实例向上移动并缩小，在第50～98帧创建传统补间动画，如图12-100所示。

步骤 96 返回"场景1"，在"图层2"的第1016帧插入关键帧，将库中元件"教堂风景"拖入舞台，如图12-101所示。在第1110帧插入帧。

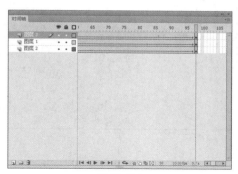

图 12-100 图 12-101

至此，完成音乐MV主动画的制作。

12.2.2 音乐的添加

本节将对音乐的添加，以及"重播"按钮的制作过程进行介绍。

步骤 01 在"图层5"上新建"图层6"，将库中音乐元件"音乐.MP3"拖入舞台，如图12-102所示，为动画添加音乐。

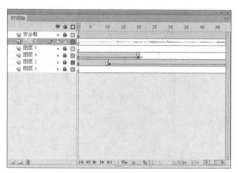

图 12-102

步骤 02 在"图层6"上新建"图层7"，在第1110帧插入空白关键帧，将库中按钮元件"重播"拖入舞台右下角，如图12-103所示。

图 12-103

步骤 03 选择"图层7"上的按钮元件，设置其实例名称为ann，打开"动作"面板，为其添加相应的动作代码，如图12-104所示。

步骤 04 在"图层7"上新建"图层8"，在第1110帧插入空白关键帧。在该帧处添加动作代码，如图12-105所示。

图 12-104

图 12-105

至此，完成音乐的添加和按钮的制作。

12.2.3 歌词的制作

本节将对音乐歌词的添加方法进行介绍。

步骤 01 根据歌曲的节奏选择歌词的位置。在"图层8"上新建"图层9"，在第156帧插入空白关键帧，如图12-106所示。

步骤 02 选择"图层9"的第156帧，在舞台绘制一个矩形，填充颜色为透明到浅蓝再到透明的渐变，效果如图12-107所示。浅蓝的Alpha值为45%。

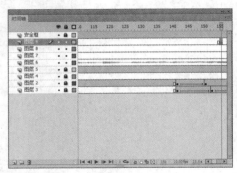

图 12-106

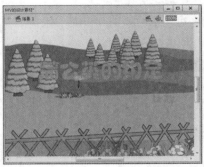

图 12-107

步骤03 选择"图层7"上的按钮元件，设置其实例名称为ann，打开"动作"面板，为其添加相应的动作代码，如图12-104所示。

步骤04 在"图层7"上新建"图层8"，在第1110帧插入空白关键帧。在该帧处添加动作代码，如图12-105所示。

图 12-108

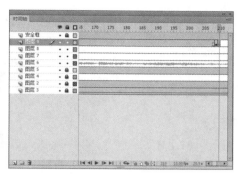

图 12-109

步骤05 在第217帧插入关键帧，按照上述方法，在"图层9"上继续添加歌词，如图12-110所示。

步骤06 根据歌词的内容，按照歌词的开始和结束的位置，准确地将所有歌词添加完整，如图12-111所示。

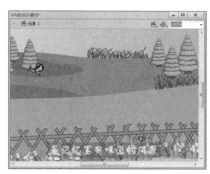

图 12-110

图 12-111

12.2.4 保存并测试动画

至此，该动画制作完成，接着将其保存并进行测试，其操作过程如下。

步骤01 执行"文件"|"另存为"命令，设置文件名和保存路径，保存影片文件。

步骤02 执行"控制"|"测试影片"命令，测试制作好的音乐MV动画，如图12-112所示。

图 12-112

附录 Ⓐ 课后练习参考答案

第1章　课后练习参考答案

一、填空题

（1）工具栏、时间轴

（2）图层、帧

（3）高、大

（4）图形设计、标志设计

二、选择题

（1）A　　（2）B　　（3）C

（4）D　　（5）C

第2章　课后练习参考答案

一、填空题

（1）图层、帧

（2）图层、帧

（3）关键帧

（4）关键帧

二、选择题

（1）B　　（2）B　　（3）D

（4）C　　（5）A

第3章　课后练习参考答案

一、填空题

（1）标尺 网格

（2）调整路径、增加节点

（3）填充 位图

（4）曲线数量

二、选择题

（1）B　　（2）B　　（3）B

（4）B

第4章　课后练习参考答案

一、填空题

（1）元件

（2）图形元件、影片剪辑元件

（3）文本、按钮

（4）逐帧动画

（5）形状补间动画、传统补间动画

二、选择题

（1）D　　（2）A　　（3）A

（4）B

第5章　课后练习参考答案

一、填空题

（1）遮罩层、被遮罩层

（2）文字对象、影片剪辑

（3）运动的对象

（4）骨骼的关节结构、动画处理

（5）元件实例、图形形状

二、选择题

（1）C　　（2）C　　（3）C

第6章　课后练习参考答案

一、填空题

（1）ActionsScript

（2）getURL

（3）简单数据类型

（4）脚本导航器

二、选择题

（1）A　　（2）B　　（3）A

（4）B　　（5）A

第7章　课后练习参考答案

一、填空题

（1）动态文本、输入文本　（2）静态文本

（3）设置文字属性、设置段落格式

（4）消除文本锯齿

（5）填充图像

二、选择题

（1）B　　（2）D　　（3）B

第8章　课后练习参考答案

一、填空题

（1）MP3、WAV

（2）事件声音

（3）采样率、压缩率

（4）极小　快

（5）"声音属性"对话框

二、选择题

（1）D　　（2）B　　（3）C

（4）B

第9章　课后练习参考答案

一、填空题

（1）组件检查器　属性

（2）ComboBox

（3）CheckBox

（4）scrollDrag

二、选择题

（1）A　　（2）A　　（3）A

（4）A

第10章　课后练习参考答案

一、填空题

（1）Ctrl+Alt+Shift+S

（2）文件 | 导出 | 导出图像

（3）颜色样式

（4）位图

二、选择题

（1）D　　（2）C　　（3）A

附录 Ⓑ 常见疑难问题及解决方法

新手在使用Adobe Flash CS6时可能遇到的一些问题，在此便对其进行汇总并给出相应的解决方法。

1. Q：无法安装 Flash CS6？

A：解决方法： 首先确保操作系统兼容，然后暂时关闭防病毒软件，以管理员身份运行安装程序。

2. Q：Flash CS6 运行缓慢或崩溃？

A：解决方法： 关闭不必要的应用程序，增加计算机内存。

3. Q：无法找到工具箱？

A：解决方法： 在顶部菜单中执行"窗口"|"工具"命令以显示工具箱。

4. Q：时间轴使用混乱，如何添加帧或关键帧？

A：解决方法： 在时间轴要添加帧的位置右击鼠标，在弹出的快捷菜单中执行"插入帧"或"插入关键帧"命令。

5. Q：动画播放速度不合适？

A：解决方法： 建议调整时间轴的帧速率(fps)。

6. Q：图层过多，管理混乱？

A：解决方法： 合理命名图层，使用文件夹管理相关图层。

7. Q：元素层次混乱，影响视觉效果？

A：解决方法： 合理安排图层顺序，使用图层文件夹管理。

8. Q：不小心锁定了图层，无法编辑？

A：解决方法： 在时间轴上找到对应图层，点击锁定图标解锁。

9. Q：如何导入外部素材？

A：解决方法： 使用"文件"|"导入"|"导入到舞台"功能。

10. Q：音频与动画不同步？

A：解决方法： 调整音频属性为"数据流"以保证同步。

11. Q：导出的视频质量不满意？

A：解决方法： 调整导出设置，选择合适的编解码器和质量。

12. Q：如何改善动画运行缓慢情形？

A：解决方法： 优化图形和代码，减少不必要的细节和复杂度。

13. Q：如何使用渐变色填充？

    A：解决方法： 使用颜色面板创建渐变色，并应用于图形。

14. Q：图形或文字在放大时出现模糊？

    A：解决方法： 尽量使用矢量图形，调整文字的"抗锯齿"设置。

15. Q：如何将位图转换为矢量图？

    A：解决方法： 使用"修改"|"位图"|"转换位图为矢量图"功能。

16. Q：撤销操作次数不足？

    A：解决方法： 在"首选参数"对话框中增加撤销层级。

17. Q：如何制作交互式按钮？

    A：解决方法： 学习按钮的四种状态和相关动作脚本的编写。

18. Q：如何编辑已创建的图形？

    A：解决方法： 使用直接选择工具或选择工具进行编辑。

19. Q：找不到想要的颜色，怎么办？

    A：解决方法： 使用颜色面板自定义颜色。

20. Q：如何调整元素的透明度？

    A：解决方法： 在"属性"面板中调整元素的Alpha值。

21. Q：输入的文本无法正确显示？

    A：解决方法： 检查文本字段属性，确保选中正确的编码和字体。

22. Q：如何创建动画？

    A：解决方法： 学习关键帧和补间动画的制作方法。

23. Q：导出的 Flash 文件体积过大？

    A：解决方法： 优化媒体资源，如压缩位图和音频文件。

24. Q：不确定使用哪个版本的动作脚本？

    A：解决方法： 根据项目需求和兼容性选择AS2或AS3。

25. Q：如何预览整个动画？

    A：解决方法： 使用"控制"|"测试影片"|"测试"功能进行预览。

26. Q：如何制作循环动画？

　　A：解决方法： 在动画末尾添加动作脚本控制播放头回到起始帧。

27. Q：想要将 Flash 动画导入其他软件继续编辑？

　　A：解决方法： 导出为通用格式，如MOV或AVI，再导入其他软件。

28. Q：素材库混乱，找不到需要的素材？

　　A：解决方法： 合理命名并分类组织库中的素材。

29. Q：如何使用帧标签控制动画？

　　A：解决方法： 在需要的帧上添加标签，并在动作脚本中引用。

30. Q：如何给动画添加缓动效果？

　　A：解决方法： 使用补间动画，并在属性面板中调整缓动选项。

31. Q：如何制作交互式动画？

　　A：解决方法： 学习使用动作脚本监听和响应用户事件。

32. Q：如何使用或创建动画效果预设？

　　A：解决方法： 利用"动画预设"面板应用或保存常用动画效果。

33. Q：想要将 Flash 动画导出为HTML5？

　　A：解决方法： 使用Adobe Animate CC或CreateJS工具包转换动画。

34. Q：在 Flash 论坛及相关讨论中，AS、MC 等缩写经常出现，它们分别代表什么？

　　A：解决方法： AS，即ActionScript，是Flash应用程序的编程语言，用于开发互动应用、游戏、网站动画等。从Flash 5开始引入，经历了几个版本的迭代，其中ActionScript 3.0是最常用且功能最强大的版本。它引入了更严格的编程语法和面向对象编程（OOP）的概念，极大地提高了Flash应用的性能和复杂度。ActionScript允许开发者创建复杂的交互逻辑，操作数据，以及与服务器进行通信等。

　　MC（Movie Clip，电影剪辑）是Flash中一个非常核心的概念，指的是可以包含动画、声音、视频或其他MovieClips的容器对象。MovieClip是制作动画和互动内容时的基本构建块，支持时间轴动画，并且可以通过ActionScript进行编程控制。它提供了丰富的功能，使得开发者和设计师可以创建复杂的动画序列和交互式应用。